FORSCHUNGSBERICHTE

DES WIRTSCHAFTS- UND VERKEHRSMINISTERIUMS

NORDRHEIN-WESTFALEN

Herausgegeben von Staatssekretär Prof. Leo Brandt

Nr. 274

Prof. Dr.-Ing. habil. K. Krekeler
Dipl.-Ing. H. Verhoeven

Qualitative Untersuchungen bei Verbindungsschweißungen mittels Lichtbogenschweißautomaten unter Verwendung von Blankdraht und Zugabe von ferromagnetischem Pulver als Umhüllung

Als Manuskript gedruckt

SPRINGER FACHMEDIEN WIESBADEN GMBH

ISBN 978-3-663-04104-7   ISBN 978-3-663-05550-1 (eBook)
DOI 10.1007/978-3-663-05550-1

Forschungsberichte des Wirtschafts- und Verkehrsministeriums Nordrhein-Westfalen

G l i e d e r u n g

Einleitung . . . . S. 5

1. Aufgabe der Umhüllung . . . . S. 6

2. Der BBC-Uni-Schweißautomat . . . . S. 12
2.1 Der Aufbau der automatischen Schweißanlage . . . . S. 12
2.2 Die Pulverumhüllung beim BBC-Verfahren . . . . S. 14
2.3 Die automatische Lichtbogensteuerung beim BBC-Automaten . . . S. 16

3. Aufgabe der Versuche . . . . S. 18

4. Versuchseinrichtungen . . . . S. 18
4.1 Schweißdraht . . . . S. 18
4.2 Schweißpulver . . . . S. 19
4.3 Werkstoffe . . . . S. 20

5. Durchführung der Schweißversuche . . . . S. 20
5.1 Nahtvorbereitung . . . . S. 20
5.2 Polung und Stellung der Elektrode . . . . S. 22
5.3 Schweißung der einzelnen Lagen . . . . S. 23

6. Einfluß der Werkstoffqualität und der Blechstärke . . . . S. 23

7. Untersuchung der Einflußfaktoren . . . . S. 25
7.1 Stromstärke . . . . S. 25
7.2 Lichtbogenspannung . . . . S. 27
7.3 Schweißgeschwindigkeit . . . . S. 29
7.4 Wirtschaftlichste Stärke der Pulverumhüllung . . . . S. 32

8. Fehlerscheinungen in der Schweiße . . . . S. 35
8.1 Fischaugen . . . . S. 35
8.2 Poren . . . . S. 37

9. Untersuchung der Schweißverbindungen . . . . S. 39
9.1 Vorbemerkung . . . . S. 39
9.2 Röntgenprüfung . . . . S. 41

9.3 Aufteilung der Probeplatten . . . . S. 41

9.4 Zerreißversuche . . . . S. 41

9.5 Faltversuche . . . . S. 44

9.6 Kerbschlagversuche . . . . S. 46

9.7 Gefügeuntersuchungen . . . . S. 46

9.71 Grobgefüge . . . . S. 47

9.72 Feingefüge . . . . S. 47

9.8 Härteprüfungen . . . . S. 48

9.9 Schweißgutuntersuchung . . . . S. 52

10. Zusammenfassung und Beurteilung . . . . S. 52

11. Literaturverzeichnis . . . . S. 54

Forschungsberichte des Wirtschafts- und Verkehrsministeriums Nordrhein-Westfalen

Einleitung

Auf dem Gebiete der Schweißtechnik sind in den letzten Jahren eine Fülle von neuen Erkenntnissen und Entwicklungen zu verzeichnen. Hierauf fußt die stetig wachsende Bedeutung der Schweißtechnik als Fertigungsverfahren. Der Begriff "schweißbar" ist heute ebenso bedeutungsvoll und wichtig, wie es noch vor Jahren allein das Festigkeitsverhalten oder die chemische Zusammensetzung des Werkstoffes war.

Sehr wesentlichen Anteil an der verstärkten Anwendung schweißtechnischer Fertigungsverfahren haben die Vorteile, die sich bei der Herstellung von Verbindungen metallischer Werkstoffe gegenüber anderen Verfahren, z.B. gegenüber dem Nieten oder dem Verschrauben, ergeben. Das Schweißen erzielt in fast allen Fällen erhebliche Einsparungen an Werkstoff und somit an Gewicht. Ferner läßt sich unter der Voraussetzung, daß die Schweißbarkeit der Stähle mit höherer Festigkeit gut ist, eine Ausnutzung der Festigkeitseigenschaften dieser Stähle erzielen, wie sie bei einer Nietung oder Verschraubung oft nicht möglich ist. Ein weiterer, wesentlicher Vorteil des Schweißens liegt in der höheren Leistung gegenüber anderen Fertigungsmethoden begründet, was zu einer rationellen Produktion führt.

Ein sehr großes Anwendungsgebiet hat die Schweißtechnik im Kessel- und Behälterbau gefunden. Hier beträgt die Einsparung an Werkstoff infolge Einsatz schweißtechnischer Fertigungsverfahren, um ein Beispiel zu den vorgenannten Vorteilen anzuführen, nach Angaben im deutschen und ausländischen Schrifttum (13) bisweilen bis zu 4o %.

Das Streben nach Vervollkommnung und Rationalisierung der Fertigungsverfahren zur Erhöhung der Güte der Erzeugnisse sowie zur Erleichterung der Arbeitsbedingungen hat auch in der Schweißtechnik stark zur Automatisierung geführt. Hierzu eignet sich besonders die Lichtbogenschweißung mit ihren Vorteilen, wie diese sich u.a. aus der leichten Handhabung konzentrierter Wärmeerzeugung ergeben.

Die Vorzüge einer automatischen Schweißung im Vergleich zur Handschweißung sind:

      a) gleichmäßige Arbeitsweise,
      b) Erhöhung der Gütewerte,
      c) kürzere Fertigungszeiten durch Anwendung

Forschungsberichte des Wirtschafts- und Verkehrsministeriums Nordrhein-Westfalen

höherer Schweißgeschwindigkeiten, größerer
Stromstärken sowie stärkerer Elektroden,
d) Verringerung der Elektrodenabfälle,
e) Unabhängigkeit von der Geschicklichkeit und
der Disposition des Schweißers.

Im Rahmen dieser Arbeit soll das Verbindungsschweißen mittels Lichtbogenschweißautomat unter Verwendung von Blankdraht und Zugabe von ferromagnetischem Pulver als Umhüllung untersucht werden. Dieses Verfahren ist von der Firma Brown, Boverie & Cie. entwickelt worden. Verwendet wird ein Pulver mit etwa 40 % ferromagnetischer Bestandteile, das infolge des vom Schweißstrom gebildeten Magnetfeldes an dem Blankdraht (Elektrode) haftet. Im Gegensatz zum Ellira-Verfahren brennt der Lichtbogen hierbei offen, so daß die Schweißung jederzeit beobachtet werden kann. Neuartig ist hierbei die Art der Pulverzufuhr. Das Pulver selber hat demzufolge eine besondere Zusammensetzung und eine bestimmte Körnung.

1. Aufgabe der Umhüllung

Der Hauptzweck der nachfolgenden Versuche liegt darin, die Eignung dieser Pulverumhüllung für Verbindungsschweißungen zu untersuchen. Es erscheint daher zweckmäßig, die Aufgaben der Umhüllungsmasse allgemein kurz zu erläutern und an Hand der Untersuchungen nachzuweisen, inwieweit die nachfolgend erwähnten Anforderungen bei dem BBC-Verfahren verwirklicht werden.

Beim Verschweißen nackter Drähte brennt der Lichtbogen unruhig und neigt zum Abreißen. Er brennt hierbei ungeschützt, wodurch Sauerstoff und Stickstoff ungehindert aus der Luft Zutritt zum Schmelzbad haben.

Hierzu gibt die Kenntnis der Löslichkeit von Sauerstoff und Stickstoff im flüssigen und festen Eisen Anhaltspunkte darüber, mit welchen aufgenommenen Mengen beider Gase beim Schweißen zu rechnen ist.

Nachstehende Abbildung des Systems Eisen-Sauerstoff zeigt, daß die Löslichkeit von Sauerstoff in festem Eisen praktisch gleich Null ist, hingegen im flüssigen Eisen recht erheblich sein kann.

Es bedeuten: S = festes Eisen, L_1 = flüssiges Eisen mit darin gelöstem Sauerstoff, L_2 = flüssiges Eisenoxyd von veränderlicher Zusammensetzung.

Trägt man die Werte der Löslichkeit in Gewichtsprozenten des Sauerstoffs über der Temperatur auf, wie es in dem Diagramm der Abbildung 2 zu sehen ist, so ergibt sich, da der Siedepunkt des Eisens etwas oberhalb 3ooo °C liegt, daß das niedergeschmolzene Metall bzw. das Schweißbad bei nichtumhüllten Elektroden bis zu 1,2 % Sauerstoff enthalten kann.

Bei der Einwirkung von Sauerstoff auf Eisen unter hohen Temperaturen erhält man gesättigte Lösungen bei Sauerstoffdrücken, die weit unterhalb des Partialdruckes von Sauerstoff in der Luft liegen. Genau umgekehrt ist es, wenn Stickstoff auf Eisen einwirkt. Hier wird der Sättigungszustand sowohl für flüssiges wie auch für festes Eisen erst bei Stickstoffdrücken erreicht, die weit oberhalb des Partialdruckes von Stickstoff in der Luft liegen. Nach KOOTZ ist die maximal in flüssigem Eisen lösliche Stickstoffmenge bei 1 at o,o68 %. Tatsächlich ist der Wert aber viel größer, da im Lichtbogen Temperaturen bis zu 5ooo °C vorkommen. Hierbei ist die Konzentration des atomaren Stickstoffes etwa 10^5 mal so groß wie beim Siedepunkt von Eisen.

Erwähnenswert sind Versuche von LOSANA (6), die zeigen, daß sowohl der Sauerstoff- wie auch der Stickstoffgehalt des niedergeschmolzenen Metalles umso größer wird, je dünner die Elektrode ist. Bei größeren Durchmessern schmilzt das Metall in größeren Tropfen nieder. Hierin liegt wahrscheinlich begründet, daß die Temperatur des niederschmelzenden Metalles bei dickeren Stäben niedriger liegt. Außerdem muß damit gerechnet werden, daß das Lösungsgleichgewicht und die chemischen Gleichgewichtszustände zur vollständigen Einstellung keine Zeit erhalten. Jedenfalls sind diese

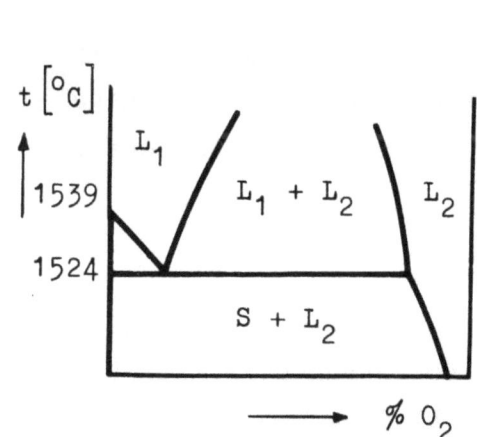

Abbildung 1
Zustandsdiagramm des Systems
Eisen-Sauerstoff

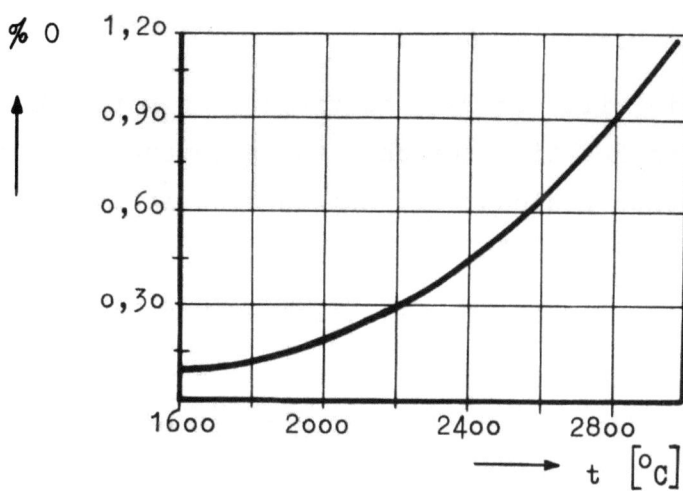

Abbildung 2
Löslichkeit von Sauerstoff in Eisen
in Abhängigkeit von der Temperatur

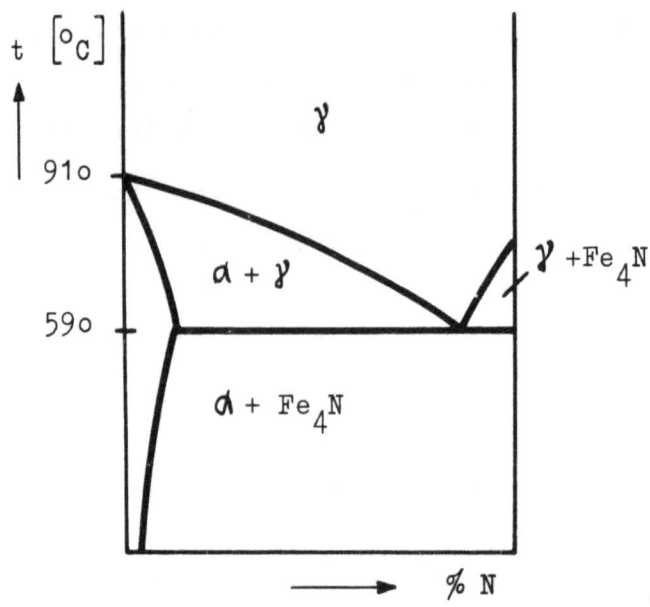

Abbildung 3

Zustandsdiagramm des Systems Eisen-Stickstoff

Untersuchungen insofern für die vorliegende Arbeit bedeutsam, als bei der Automatenschweißung meist dickere Elektroden verwendet werden. Neben den anderen Vorteilen ergäbe sich demzufolge zusätzlich eine Herabminderung der Sauerstoff- und Stickstoffaufnahme bei dem vorliegenden Schweißverfahren.

Die Aufnahme von Sauerstoff und Stickstoff beim Schweißen hat folgende schädliche Wirkungen:

a) Porösität der Naht

Sie wird zum Teil hervorgerufen durch Bildung von Kohlenoxyd als Folge der Reaktion zwischen aufgenommenem Sauerstoff und dem im Eisen enthaltenen Kohlenstoff. Zum anderen ist sie auf den freiwerdenden Stickstoff bei der Abkühlung zurückzuführen.

b) Absinken der mechanischen Stärke

Durch die Porösität werden die mechanischen Eigenschaften, namentlich die Kerbschlagzähigkeit stark herabgemindert. So betrug z.B. nach Untersuchungen von HOFFMANN (3) bei einer Schweißverbindung mit 0,038 % Sauerstoff die Kerbschlagzähigkeit 24,9 mkg/cm^2, dagegen bei einem Sauerstoffgehalt von 0,15 % nur 10,6 mkg/cm^2.

c) Alterung

Bereits geringe Mengen an Stickstoff bewirken eine Alterung, d.h. der Stahl befindet sich zunächst in einem instabilen Zustand, in dem durch Ausscheidung an den Korngrenzen seine Härte von selbst zunimmt und seine Zähigkeit langsam abnimmt.

Neben diesen schädlichen Einflüssen von Stickstoff und Sauerstoff werden auch einige Vorteile durch beide Gase bewirkt, von denen besonders der bessere Übergang des Metalles zu erwähnen ist, der durch den Sauerstoff im Zusammenwirken mit Kohlenstoff verursacht wird. Die Entwicklung von Kohlenoxyd ist dabei die treibende Kraft. Diese Erscheinung kann so erklärt werden, daß die genannte Reaktion kleine Explosionen im abschmelzenden Metall hervorruft.

In neuerer Zeit wurde diese Erkenntnis in den USA ausgenutzt. Beim Schweissen von C-Stählen erreichte man durch Beigabe einer geringen Sauerstoffmenge zum Schutzgas Argon bedeutend größere Abschmelzleistungen bzw. Schweißgeschwindigkeiten.

Es sei jedoch ausdrücklich erwähnt, daß die nachteilige Wirkung von Stickstoff und Sauerstoff beim Schweißen die wenigen Vorteile bei weitem über-

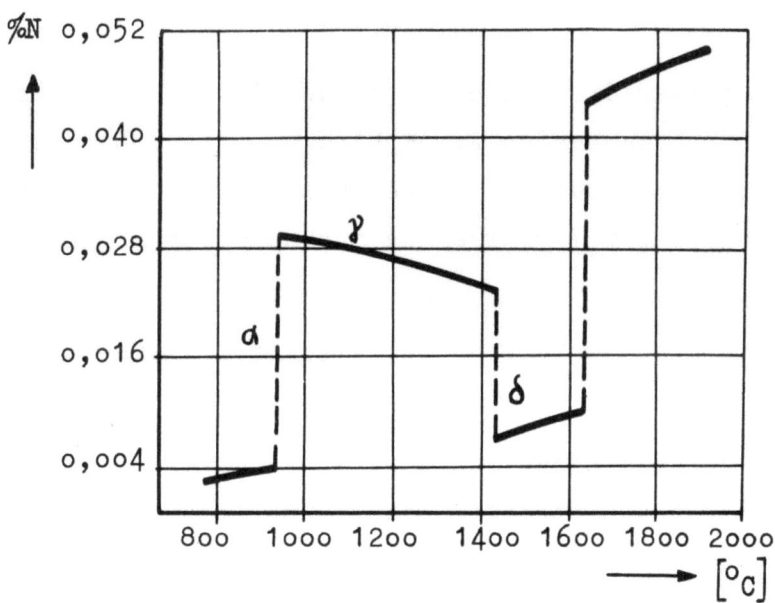

Abbildung 4
Löslichkeit von Stickstoff in Eisen bei 1 at Stickstoffdruck
in Abhängigkeit von der Temperatur

wiegt. Daher ist man bestrebt, sowohl das Schmelzbad wie auch das von der Elektrode zum Werkstück übergehende Metall gegen die Einwirkung von Sauerstoff und Stickstoff zu schützen.

Dies kann erreicht werden entweder durch Schweißen in einer Schutzgasatmosphäre oder aber - je nach Verwendungszweck wirtschaftlicher - durch die Umhüllungsmasse der Elektrode. Die Umhüllung muß also Stoffe enthalten, die den Zutritt von Sauerstoff- und Stickstoff zum Schmelzbad und zum übergehenden Tropfen verhindern. Dieses kann erfolgen durch Entwicklung großer Mengen anderer Gase (organische Stoffe) oder aber durch Bildung einer abschließenden und dadurch schützenden Schlacke auf dem Metall (anorganische Stoffe). Vielfach wird auch eine Kombination beider Möglichkeiten verwendet.

Neben diesen Schutzwirkungen der Umhüllung können noch weitere metallurgische und schweißtechnische Aufgaben erfüllt werden, z.B. Auflegieren des Schmelzbades, Jonisierung der Lichtbogenstrecke zur Verbesserung des Zünd- und Stabilitätsverhaltens, ferner gute Nahtform, große Schweißgeschwindigkeit, leichte Entfernbarkeit der Schlacke.

Im einzelnen sind folgende Forderungen an die Umhüllungsmasse zu stellen:

a) Günstige Beeinflussung der mechanischen Eigenschaften des Schweißgutes

Die Umhüllung soll primär die Schweiße vor der Aufnahme von Sauerstoff und Stickstoff aus der umgebenden Atmosphäre schützen. Darüber hinaus ist häufig erwünscht, im Schweißgut eine Anreicherung an bestimmten Legierungsbestandteilen zur Verbesserung mechanischer Eigenschaften zu erzielen.

b) Herbeiführung einer guten Verbindung zwischen Schweiße und Grundwerkstoff

Guter Einbrand ist die Bedingung für eine einwandfreie Schmelzschweißverbindung. Die Tiefe des Einbrandes hängt unmittelbar mit der Entwicklung von Gasen aus Bestandteilen der Umhüllungsmasse während des Schweißvorganges zusammen.

c) Leichtes Zünden und Verhindern des Abreißens des Lichtbogens

Beim Schweißen mit Wechselstrom ist eine gute Jonisation der Lichtbogenstrecke durch Bestandteile der Umhüllungsmasse erforderlich, um entsprechend der Netzfrequenz (nach jedem Nulldurchgang) das Wiederzünden des Lichtbogens zu erleichtern.

d) Kelchbildung

Das Schmelzintervall zwischen Kerndraht und Umhüllung soll so sein, daß sich ein Kelch bildet, wie die schematische Abbildung 5 zeigt. Der Kelch richtet den Lichtbogen und den von der Elektrode zum Werkstück wandernden Metallstrom. Beim Abschmelzen soll jedoch die Umhüllung nur wenig hinter dem Metallkern zurückbleiben, da ein zu langer Kelch sich ungünstig auswirkt.

e) Bildung einer Schlacke geeigneter Viskosität

Die Viskosität der Schlacke darf nicht zu niedrig sein, da sonst die Gefahr besteht, daß sie zu leicht vom Schweißbad abfließt und so die gewünschte Schutzwirkung nicht ausüben kann. Andererseits darf die Viskosität der Schlacke nicht zu groß sein, weil sonst durch Verdrängung des Schweißgutes rauhe Nähte entstehen und ferner die im Schmelzbad befindlichen Gase nur schlecht entweichen können.

f) Gute Ausbreitung der Schlacke

Die Ausbreitfähigkeit der Schlacke muß ausreichend sein, damit nicht die Gefahr einer Kontraktion evtl. in Tropfenform besteht. Voraussetzung hierfür ist, daß die Oberflächenspannung der Schlacke und die Spannung der Trennfläche zwischen Metall und Schlacke in ihrer Summe kleiner sind als die Oberflächenspannung des flüssigen Eisens.

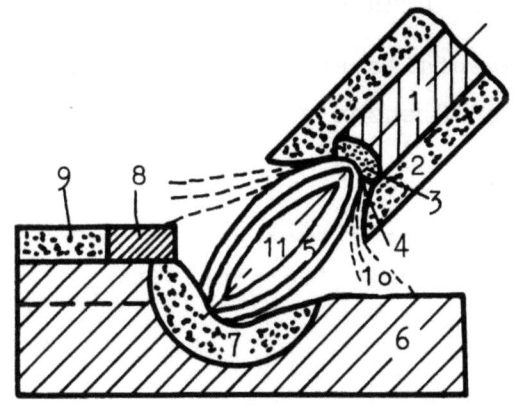

1. Metallkern
2. Umhüllung
3. flüss. Metall
4. flüss. Schlacke
5. el. Lichtbogen
6. Werkstück
7. Schmelzbad
8. flüss. Schlacke
9. erstarrte Schlacke
1o. schützende Gase
11. mit Schlacke bedeckter Tropfen

A b b i l d u n g   5

Schematische Darstellung des Schweißvorganges nach J. SACK

g) Leichte Entfernbarkeit der Schlacke

Diese ist bei unterschiedlichem Ausdehnungskoeffizienten von Schlacke und Metall gegeben.

Die Verschiedenartigkeit der vorstehend aufgezählten Forderungen an die Umhüllungsmasse von Elektroden können nicht alle gleichzeitig erfüllt werden. Es ist stets erforderlich, bei der Herstellung dieser Massen einen Kompromiß zugunsten der einen oder anderen Anforderung einzugehen.

2. Der BBC-Uni-Schweißautomat

2.1 Der Aufbau der automatischen Schweißanlage

Bei dem für die Versuche zur Verfügung stehenden BBC-Automaten (Leihgabe der Firma) handelt es sich um den sogenannten "Fahrschemeltyp", d.h. der Automat hat ein Fahrwerk, das ihn entlang der Führung einer Fahrbahn beweglich macht.

Zur Schweißanlage gehören folgende Teile:

a) Schweißkopf mit Drahtvorschubmotor und Strom- sowie Pulverzufuhr

Der Drahtvorschubmotor ist ein stufenlos regelbarer Gleichstrom-Nebenschlußmotor, der von einem Leonard-Aggregat gespeist wird. Er treibt über ein Getriebe zwei schwenkbar und federnd gelagerte Vorschubrollen. Die Stromzufuhr erfolgt über zwei Kupferbacken dicht oberhalb der Elektrodenaustrittdüse, also relativ nahe dem Lichtbogen.

b) Schalteinheit mit allen Bedienungselementen

c) Wagen mit Antriebsmotor und angebauter Drahthaspel

Die Drehzahl des Antriebsmotors ist ebenfalls stufenlos regelbar, so daß sich die Fahrgeschwindigkeit in den Grenzen von 200 bis 750 mm/min ändern läßt.

Die vorgenannten Teile der Schweißanlage sind, soweit sie nicht durch Blechverkleidung verdeckt werden, in Abbildung 6 festgehalten.

d) Schaltschrank mit Steuereinheiten

Nähere Angaben hierzu enthält Abschnitt 2.3.

e) Absaugvorrichtung für die beim Schweißen entstehenden Dämpfe, die bei Dauereinwirkung gesundheitsschädlich sind

f) Schweißstromquelle

Im vorliegenden Fall gelangten zwei Schweißumformer der Firma BBC vom Typ QGS 70 mit jeweils einem Regelbereich von 45 bis 550 A zur Anwendung. Die Parallelschaltung beider Maschinen ergibt einen Schweißstrom von max. 1.100 A.

g) Verkabelung

Die Verkabelung der gesamten Schweißanlage ist in Abbildung 7 ersichtlich. Die Schweißstromkabel der Versuchsanlage hatten einen Querschnitt von 120 mm^2-Cu, um den Spannungsabfall zwischen Schweißstromquelle und Lichtbogen sowie zwischen Schweißstromquelle und Werkstück möglichst gering zu halten.

Der Masseanschluß (Schweißmaschine - Werkstück) lag nahe der Anfangsstelle der Schweißung bzw. nahe dem Anfang und dem Ende der Schweißnaht (zwei-

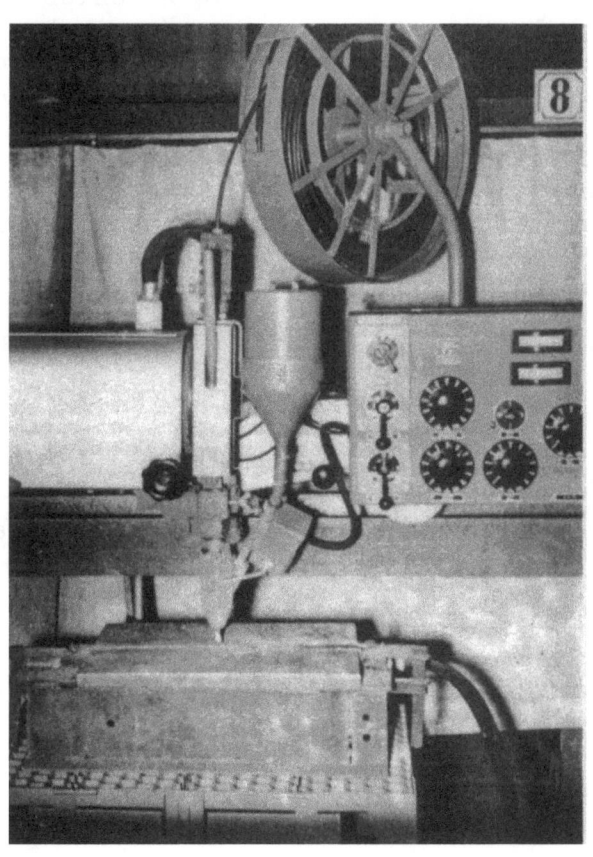

A b b i l d u n g 6
BBC-Uni-Schweißautomat (Fahrschemeltyp)

Forschungsberichte des Wirtschafts- und Verkehrsministeriums Nordrhein-Westfalen

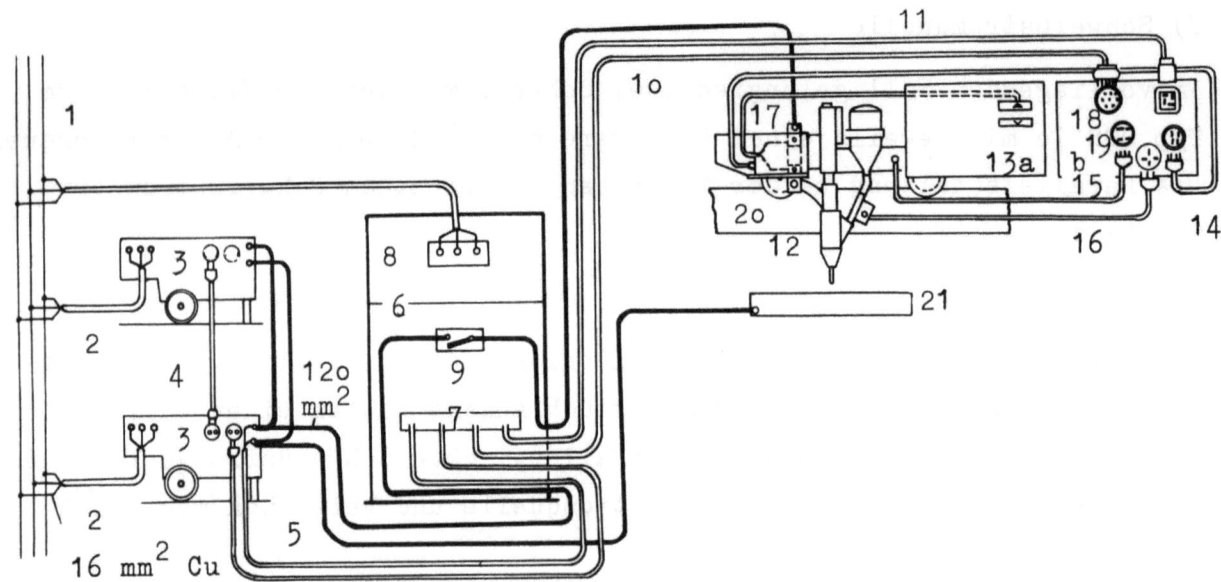

1 Netz
2 Netz-Anschlußleitung
3 Schweißumformer
4 Parallelschaltung der Umformer
5 Verbindungskabel zw. Umformer und Schaltschrank
6 Schaltschrank
7 Klemmleiste
8 Motorschutzschalter
9 Schweißstromschütz
1o 12polige Steuerleitung zum Schweißkopf
11 4polige Steuerleitung zum Schweißkopf

12 Schweißkopf
13 Schaltkasten
  a: Vorderseite
  b: Rückseite
14 Anschluß des Draht-Vorschubmotors
15 Anschluß des Wagenmotors
16 Anschluß des Vibrators
17 Shuntkabel
18 Anschluß für Werkstückmotor
19 Anschluß für Pendelmotor
2o Fahrbahn
21 Werkstück

A b b i l d u n g 7
Verkabelung der Versuchs-Schweißanlage

seitiger Anschluß). Dadurch wird die Blaswirkung weitgehend ausgeschaltet.

2.2 Die Pulverumhüllung beim BBC-Verfahren

Wie bereits erwähnt, ist das BBC-Schweißverfahren dadurch gekennzeichnet, daß der vom Haspel ablaufenden blanken Elektrode in einem besonderen Schweißkopf ein loses Pulver als Umhüllungsmasse zugeführt wird. In Abbildung 8 ist schematisch der untere Teil des Schweißkopfes dargestellt. Das Umhüllungspulver rutscht vom Pulverbehälter (in der Abb. nicht ersichtlich) durch das Pulverzuführungsrohr 3 in den Düsenkopf, wo es die blanke Elektrode 1 gleichmäßig umgibt. Führt die Elektrode Strom, so wird das

Pulver, das ferromagnetische Bestandteile enthält, von dem durch den Strom konzentrisch um die Elektrode gebildeten magnetischen Feld festgehalten und der Schweißstelle zugeführt. Die Stärke der Umhüllung kann durch die auswechselbare Düse geändert werden. Die Sperrspule 6 hat die Aufgabe, bei stromloser Elektrode das Ausfließen des Pulvers zu unterbinden. Nach dem Zünden muß diese Spule ausgeschaltet werden, damit nur das Magnetfeld der stromführenden Elektrode und die Schwerkraft auf das Pulver einwirkt. Der Vibrator 4 sorgt für gleichmäßigen Fluß des Pulvers vom Pulverbehälter zum Düsenkopf.

Die Wirksamkeit der Pulverumhüllung beim Schweißen veranschaulicht die Abbildung 9, die je eine geschweißte Kehlnaht einmal mit blanker (rechts) und zum anderen mit umhüllter (links) Elektrode wiedergibt.

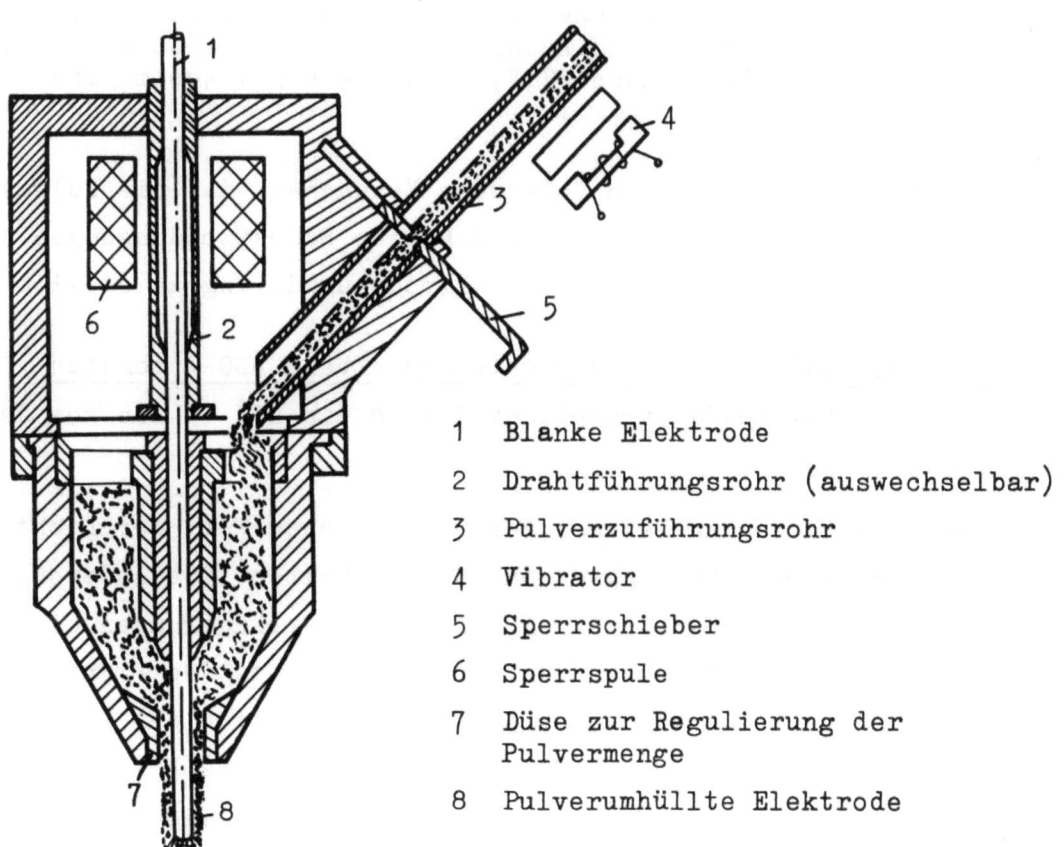

1 Blanke Elektrode
2 Drahtführungsrohr (auswechselbar)
3 Pulverzuführungsrohr
4 Vibrator
5 Sperrschieber
6 Sperrspule
7 Düse zur Regulierung der Pulvermenge
8 Pulverumhüllte Elektrode

A b b i l d u n g   8
Unterer Teil des Schweißkopfes vom BBC-Automaten mit
Einrichtung zur Pulverumhüllung der Elektrode

Forschungsberichte des Wirtschafts- und Verkehrsministeriums Nordrhein-Westfalen

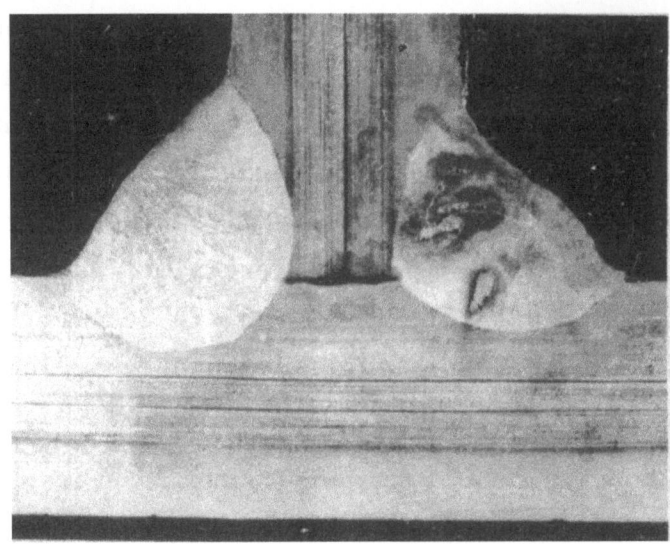

A b b i l d u n g   9

Wirkung der Umhüllungsmasse beim Schweißen einer Kehlnaht

Rechte Naht: ohne Pulver   Linke Naht: mit Pulver
Schweißbedingungen: Schweißstrom 300 A
Schweißspannung 27 V, Schweißgeschw. 400 mm/min

Es erwies sich auch in den folgenden Versuchen, daß die Pulverumhüllung des BBC-Verfahrens bei richtiger Wahl der Schweißbedingungen den Anforderungen entspricht, die an eine Elektrodenumhüllung zu stellen sind.

2.3 Die automatische Lichtbogensteuerung beim BBC-Automaten

(Die nachstehende Darstellung ist an die DIN 19 226 vom Januar 1954 angelehnt)

Aufgabe der Steuerung ist es, den vorgegebenen Wert der Lichtbogenlänge während des Schweißvorganges konstant zu halten. Die Änderung der Lichtbogenspannung, die sich aus geringfügigen Verlängerungen oder Verkürzungen des Bogens ergibt, wird zur Drehzahländerung des Drahtvorschubmotors benutzt. Diese Steuerung entspricht der Definition der DIN 19 226 "Regelungstechnik". Entsprechend dieser Norm sind deshalb in Abbildung 10 die Elemente der Steuerung in einen Regelkreis eingegliedert.

Nach der Formulierung der DIN 19 226 ist der Regelkreis die Gesamtheit aller Glieder, die an den geschlossenen Wirkungsablauf der Regelung teilnehmen. Demzufolge ist der Regelkreis ein Wirkungskreis und nicht etwa der Weg der Energieströme, die durch die Regelung beeinflußt werden.

Der Regelkreis besteht aus Regelstrecke und Regler. Die Regelstrecke ist der Bereich der Anlage, in welchem die Regelgröße X (hier der Drahtvorschub) beeinflußt wird und der Regler ist die gesamte Einrichtung, die den Regelungsvorgang an der Regelstrecke bewirkt. Ausgangsgröße des Reglers ist die Stellgröße Y (hier die Erregergegenspannung).

Die Wirkungsweise der Steuerung ist wie folgt:
Am Sollwerteinsteller (hier Regulierwiderstand) ist die Lichtbogenspannung eingestellt. Dadurch ist der Gegenspannungsgenerator, dessen Polarität der des Lichtbogens entgegengesetzt ist, so einreguliert, daß die Feldwicklung 1 am Leonardgenerator stromlos ist und somit nur durch die Wicklung 2 erregt wird. Der Vorschubmotor bewegt hierdurch den Draht genau entsprechend der Abschmelzleistung vorwärts. Wird nun aus irgendeinem Grunde dieser Gleichgewichtszustand durch Änderung der Lichtbogenlänge gestört, so tritt in der Feldwicklung 1 eine Spannungsdifferenz und damit ein Strom in bestimmter Richtung auf. Dieser verstärkt oder schwächt das Feld der Wicklung 2. Der Drahtvorschubmotor läuft entsprechend schneller oder langsamer, bis der Gleichgewichtszustand wieder erreicht ist.

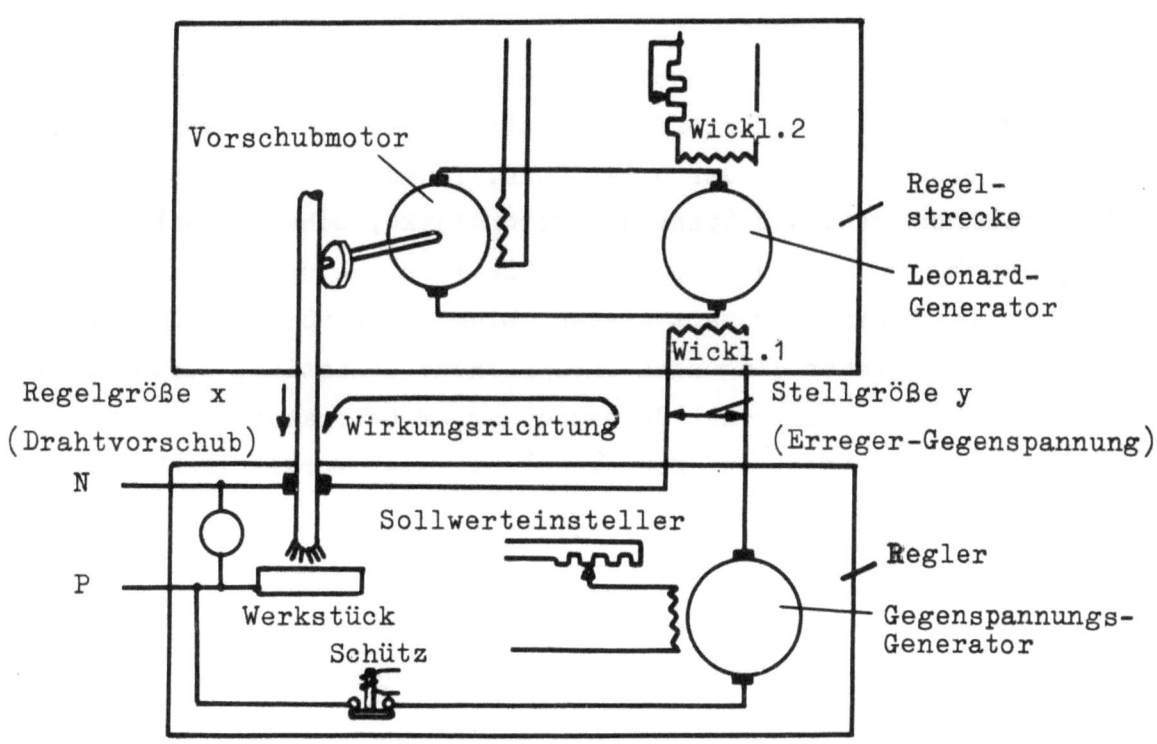

A b b i l d u n g 1o

Regelkreis für den Drahtvorschub beim BBC-Uni-Schweißautomaten

Außer dieser Regelung der Vorschubgröße der Elektrode beim Schweißen hat die Steuerung die Aufgabe, den Zündvorgang selbsttätig durchzuführen. Im Leerlauf beträgt die Spannung des Schweißumformers etwa 55 V; sie ist also bedeutend höher als der zwischen 25 und 30 V liegende Sollwert der Schweißspannung. Damit in diesem Zustand der Draht nicht unerwünscht schnell abwärts bewegt wird, bleibt der Steuerkreis über Wicklung 1 im Leerlauf geöffnet. Der Leonardgenerator ist dann lediglich durch die Wicklung 2 erregt; der Vorschubmotor treibt den Draht nur langsam vorwärts. Erst im Augenblick des Zündens schaltet das Schütz den Steuerkreis ein. Da beim Zündkurzschluß die Spannung auf wenige Volt abfällt, steht die Wicklung 1 praktisch nur unter dem Einfluß der Gegenspannung. Der Vorschubmotor kehrt um und es wird ein Lichtbogen gebildet. Nach etwa 1/3 Sekunde ist eine Lichtbogenlänge entsprechend der eingestellten Lichtbogenspannung erreicht. Die vom Gegenspannungsgenerator gespeiste Wicklung 1 wird stromlos, d.h. der Vorschubmotor wechselt die Drehrichtung und schiebt nunmehr den Draht entsprechend den vorbeschriebenen Gleichgewichtszustand vor.

3. Aufgabe der Versuche

Das Ziel der vorliegende Versuche ist, die Eignung des BBC-Schweißverfahrens sowie des gegebenen Schweißautomaten für Verbindungsschmelzschweißungen im besonderen an Kesselwerkstoffen zu untersuchen. Hierzu werden Blechstärke sowie Werkstoffqualität der Werkstücke, fener die beim Schweißen wirksamen Einflußfaktoren, wie Spannung, Stromstärke, Schweißgeschwindigkeit, Stärke der Pulverumhüllung geändert. Die Versuche sollen weitgehend den Bedingungen der Praxis angepaßt werden. Dies setzt voraus, daß schon von Anfang an die Versuchsbedingungen entsprechend abgestimmt werden müssen, da die Vorteile die bei einer Untersuchung im Laboratorium gegeben sind, sich in der Praxis z.B. auf Montage nicht immer verwirklichen lassen.

4. Versuchseinrichtungen

Nachfolgend sind die Versuchseinrichtungen sowie die verwendeten Werkstoffe aufgeführt, soweit diese nicht bereits in vorangegangenen Abschnitten erläutert wurden.

4.1 Schweißdraht

Durch Vorversuche wurde von handelsüblichen Schweißdrähten für die fraglichen Schweißversuche eine günstige Elektrodenart als Zusatzwerkstoff ermittelt, um von vornherein die Zahl der Versuche einzuschränken. Hierbei zeigt sich, daß mit dem Ellira-Draht ("Uniolind S 1" Herstellerfirma: Westfälische Union AG., Hamm) sehr gute Ergebnisse erzielt wurden. Die chemische Analyse des Zusatzdrahtes, der in den Abmessungen 4, 5 und 6 mm ⌀ verwendet wurde, ist in der nachfolgenden Tabelle 1 angegeben und den Angaben des Lieferwerkes gegenübergestellt.

Dieser Draht ist für das Schmelzschweißen von beruhigt und unberuhigt vergossenen Stählen bis zu 45 kg/mm^2, ferner für Baubleche St 37 S und für weiche Kesselgüten I und HI.

Tabelle 1

Analysenwerte des Schweißdrahtes

Zusammen-setzung	C %	Si %	Mn %	P %	S %	Al %
Richt-analyse	0,06 bis 0,10	0,10	0,45 bis 0,55	0,03	0,03	0,03
Befund	0,05	Spuren	0,32	0,01	0,019	nicht ermittelt

Generell sei bemerkt, daß das BBC-Verfahren an sich keine Ellira-Qualitäten erfordert. Es soll jedoch nach Möglichkeit der Draht ungefähr die obigen Analysenwerte haben, da hierauf die Umhüllungsmasse (Schweißpulver) eingestellt ist.

4.2 Schweißpulver

Über das von der Firma Brown, Boverie % Cie. gelieferte Schweißpulver der Type BBC 55, das etwa 40 % magnetische und 60 % unmagnetische Bestandteile enthält, lagen keine näheren Angaben vor. Das Pulver wurde hier analysiert, um gegebenefalls Rückschlüsse auf das Schweißergebnis ziehen zu können. Für das Verständnis des vorliegenden Berichtes sind die ermittelten Werte der einzelnen Bestandteile nicht erforderlich; es sei daher auf deren Wiedergabe aus naheliegenden Gründen verzichtet. Die Hauptbestandteile des Pulvers sind Eisen, Eisenoxyd und Kalziumoxyd.

Die Siebanalyse des Pulvers ergab folgende Korngrößen:

0,2 mm = 12,08 %

Forschungsberichte des Wirtschafts- und Verkehrsministeriums Nordrhein-Westfalen

```
0,2 bis 0,3 mm = 31,42 %
0,3  "  0,5  "  = 30,43 %
0,5  "  0,75 "  = 17,28 %
0,75 "  1    "  "  8,43 %
```

Der größte Prozentsatz des Pulvers weist demnach eine Körnung von 0,2 bis 0,5 % auf.

4.3 Werkstoffe

Bei den Versuchen wurden Bleche der Qualität St 37 und M I in den Stärken von 6 mm bis 12,5 mm verwendet. Für die Eignungsuntersuchung des Verfahrens zum Schmelzschweißen von Kesselwerkstoffen wurden Bleche der Güteklasse H I und H II von 20 und 25 mm Dicke herangezogen. Die Analysen- und Festigkeitswerte dieser Kesselbleche sind in Tabelle 2 und 3 zusammengestellt.

Tabelle 2

Analysenwerte der Versuchsbleche

Güteklasse	H I	H I	H II	H II
Blechstärke in mm	20	25	20	25
Kohlenstoff %	0,14	0,10	0,15	0,17
Silizium %	0,22	0,09	0,23	0,22
Mangan %	0,60	0,50	0,66	0,72
Phosphor %	0,046	0,033	0,029	0,038
Schwefel %	0,024	0,029	0,022	0,022
Chrom %	-	0,04	0,04	-
Molybdän %	0,04	0,03	0,04	0,03

5. Durchführung der Schweißversuche

5.1 Nahtvorbereitung

Die Vorbereitung der Bleche erfolgte ausschließlich durch maschinellen Brennschnitt. Bei den Blechen über 15 mm Stärke wurde die V-Naht mit einem Steg vorbereitet, dessen Höhe zwischen 2 und 5 mm geändert wurde.

Das Heften der 600 mm langen Versuchsbleche erfolgte an den Kopfenden. Hierdurch wurde eine einwandfreie Lage der zu schweißenden Bleche gegen-

T a b e l l e 3

Festigkeitswerte der Versuchsbleche

Güteklasse	H I	H I	H II	H II
Blechstärke in mm	20	25	20	25
Zugfestigkeit kg/mm^2	44,40	37,8	45,5	47,2
Streckgrenze kg/mm^2	26,5	26,8	27,2	30,9
Dehnung %	26,0	31,3	26,7	28,0

einander gewährleistet. Die Abbildung 11 zeigt die schematische Darstellung von gehefteten Versuchsblechen, vorbereitet für die Schweißung. Hierdurch konnte der Abstand zwischen den Blechen (1 bis 3 mm) genau eingehalten werden. Ferner wurde hierdurch erreicht, daß der Nahtbeginn außerhalb der Versuchsbleche lag. Hierdurch war die ganze Länge der Versuchsbleche ohne Nachschweißung auswertbar. Der Beginn jeder Schweißung ist bei dem BBC-Verfahren je nach den gegebenen Schweißbedingungen mehr oder weniger stark porig, da nicht gleich beim Zündvorgang das Schweißpulver so dosiert wie beim kontinuierlichen Schweißen vorliegt. Entweder wird der Lichtbogen bei vorgeeiltem Pulver gezündet (Zündschwierigkeit) oder das Anfangsstück der Elektrode wird ohne Umhüllungsmasse niedergeschmolzen. In der Praxis wird dieses mangelhafte Anfangsstück der Schweißnaht, das hier auf dem Hilfsblech liegt, ausgekreuzt und nachgeschweißt.

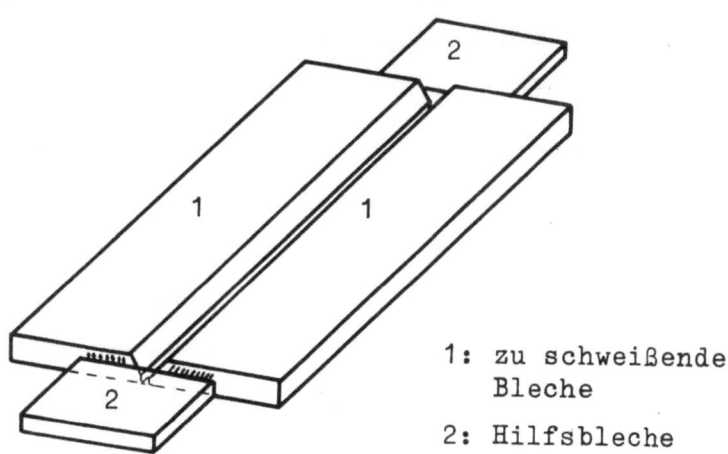

1: zu schweißende Bleche
2: Hilfsbleche

A b b i l d u n g 11
Vorbereitung der Schweißproben (schematische Darstellung)

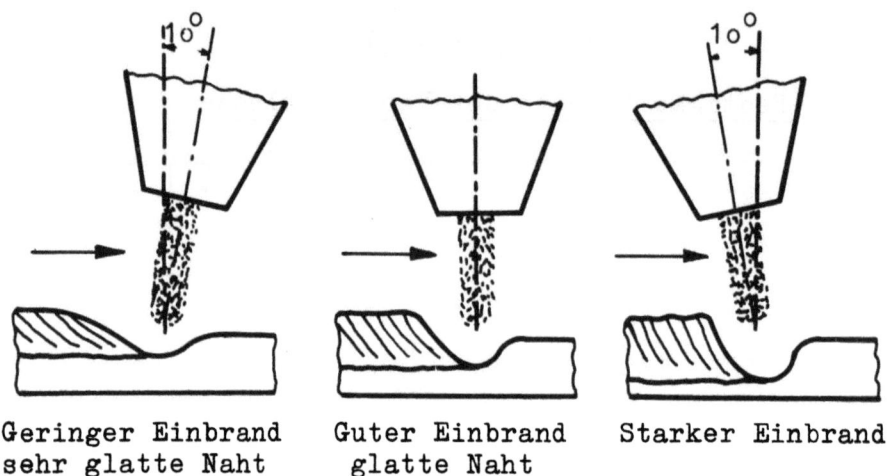

Geringer Einbrand   Guter Einbrand   Starker Einbrand
sehr glatte Naht   glatte Naht

A b b i l d u n g   12
Winkelstellungen der Elektrode mit Angabe der Raupenausbildung

5.2 Polung und Stellung der Elektrode

Für die Durchführung der Schweißung war zunächst die Frage der Polung der Elektrode zu klären. Nach der Bedienungsanweisung der Herstellerfirma des Automaten ist zur Erzielung eines ausreichenden Einbrandes die Minuspolung zu wählen. Von gleich großer Bedeutung ist die Stellung der Elektrode zum Werkstück.

Nach TRUNSCHITZ (12) beträgt der Winkel beim Schweißen mit Blankdrahtautomaten zwischen Elektrode und Werkstück optimal etwa $80°$, d.h. der Draht ist um etwa $10°$ in Fahrtrichtung zurückgeneigt (die Elektrodenspitze schleppt).

In mehreren Versuchen wurde geprüft, inwieweit der vorgenannte Wert auch für das Schweißen mit dem BBC-Schweißverfahren zutrifft. Die Ergebnisse dieser Untersuchungen sind in Abbildung 12 wiedergegeben.

Die von TRUNSCHITZ angegebene Winkelstellung ergibt in vorliegendem Falle zwar sehr glatte Nahtoberflächen, jedoch nur einen geringen Einbrand. Läßt man umgekehrt die Elektrodenspitze voreilen, so wird ein sehr tiefer Einbrand erzielt, jedoch infolge starker Erosionswirkung auf den Grundwerkstoff eine rauhe Naht. Für günstig erwies sich die senkrechte Stellung der Elektrode. Sie vereinigt einen genügend tiefen Einbrand mit einer ausreichend glatten Oberfläche der Naht. Es ist also nicht möglich, wie beim Verschweißen von Blankdraht, einen geringen Einbrand zur Erzielung einer guten äußeren Nahtbeschaffenheit in Kauf zu nehmen. Dies ist möglich, weil die von der Pulverumhüllung gebildete Schlacke das flüssige Schmelzbad abdeckt, beruhigt und glättet. Für die gesamte Versuchsdurchführung wurde daher eine senkrechte Stellung der Elektrode gewählt.

5.3 Schweißung der einzelnen Lagen

Die genauen Schweißdaten sind in diesem Bericht bei den einzelnen Abbildungen angegeben. Die Wurzellage der stärkeren Bleche (ab 20 mm) wurde nicht wie üblich von Hand, sondern ebenfalls auf dem Automaten mit derselben Drahtstärke geschweißt, wie die einzelnen Hauptlagen.

Zu Beginn der Versuchsreihe wurde eine Kupferunterlage benutzt, um ein Durchfließen des Schweißgutes zu vermeiden. Im Verlaufe der Untersuchung jedoch konnten die Schweißbedingungen von vornherein so gewählt werden, daß auf diese Unterlage verzichtet werden konnte. Der Bericht enthält einen entsprechenden Hinweis, ob mit oder ohne Unterlage die Schweißung durchgeführt wurde.

Bei den Kesselwerkstoffen ist das vorerwähnte wurzelseitige Nachschweißen eine Forderung des Technischen Überwachungsvereines. Bei den durchgeführten Schweißversuchen erfolgte das Auskreuzen der Wurzelseite vor dem Nachschweißen durch einfaches Ausschmelzen der Fehlstellen mit dem Metall-Lichtbogen.

6. Einfluß der Werkstoffqualität und der Blechstärke

Die verwendeten Werkstoffqualitäten und Blechstärken sind in Abschnitt 4.3 enthalten. Der vorliegende Abschnitt behandelt den Einfluß namentlich der Blechstärke auf die Schweißbedingungen. Generell ergaben sich beim Schweissen der vorgenannten vier Werkstoffqualitäten keine Schwierigkeiten, die auf die Umhüllungsmasse (ferromagnetisches Pulver) verfahrensmäßig oder qualitätsmäßig zurückzuführen sind. Auch bei der Verwendung verschiedener Blechstärken traten keine für die Schweißnaht nachteiligen Erscheinungen auf. Dieses bestätigen eindeutig die durchgeführten technologischen Prüfungen. Die Abbildungen 13a und 13b geben je eine Schweißung an einem 6 mm Blech der Qualität St 37 wieder.

Für diese Blechstärke erwies sich ein Elektrodendurchmesser von 4 mm als zweckmäßig, um mit einem Schweißstrom von 300 bis 350 A eine gute Durchschweißung ohne Nahtvorbereitung zu erzielen. Während normalerweise die Bleche ohne Zwischenraum stumpf zusammengelegt werden, ist es bei der

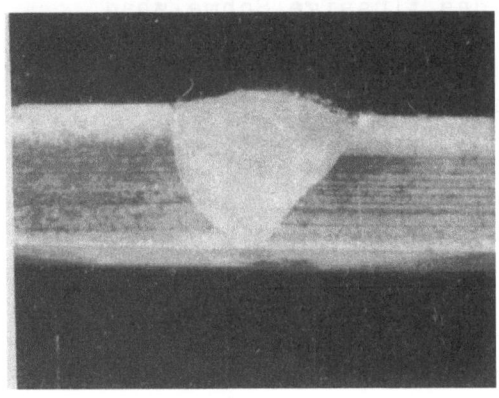 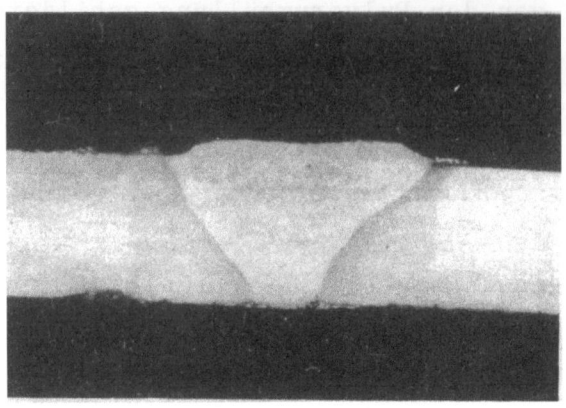

Abbildung 13a
V = ~ 3 x

Abbildung 13b
V = ~ 3 x (geschweißt mit Kupferunterlage)

Schweißdaten für beide Abbildung:

Elektroden-⌀ d = 4 mm, Pulveraustrittsdüse D = 1o mm ⌀
Schweißstrom J = 32o A, Schweißspannung U = 26 V
Schweißgeschwindigkeit v_s = 6oo mm/min

Verwendung einer Kupferunterlage angebracht, einen Schweißspalt von ca. 2 mm Breite vorzusehen. Blechstärken bis ca. 1o mm bedingen die Verwendung eines Drahtes von 5 mm ⌀ und einer Pulveraustrittsdüse von 12 mm ⌀ und lassen sich mit Stromstärken von 65o bis 7oo A ohne weiteres in einer Lage ohne Nahtvorbereitung schweißen. Die hierbei erzielbaren mechanischen Eigenschaften der Schweißverbindung sind als gut anzusprechen. Versuche, die an 12 bis 15 mm starken Blechen ohne Nahtvorbereitungen gefahren wurden, bewiesen zwar die Möglichkeit, diese Blechstärken in einer Lage zu schweißen. Jedoch wird durch die zur gründlichen Durchschweißung notwendigen hohen Stromstärken (9oo A) eine starke Verbreiterung des Grobkorngebietes hervorgerufen, die sich auf die mechanischen Eigenschaften sehr ungünstig auswirkt, so daß diese Blechstärken am zweckmäßigsten in zwei Lagen (Haupt- und Gegenlage) geschweißt werden. Abbildung 14 zeigt eine solche Schweißverbindung, deren mechanische Eigenschaften sehr gut lagen.

Für die Blechstärken von 2o bzw. 25 mm erwies sich die Mehrlagenschweißung als günstig. Bei einer Blechstärke von 2o mm wurden je nach Größe des Öffnungswinkels zwei bis drei Lagen geschweißt; bei einer Blechstärke von 25 mm waren drei bis vier Lagen erforderlich, um den Schweißspalt voll auszufüllen. Abbildung 15 gibt eine solche Mehrlagenschweißung als Makroschliff wieder.

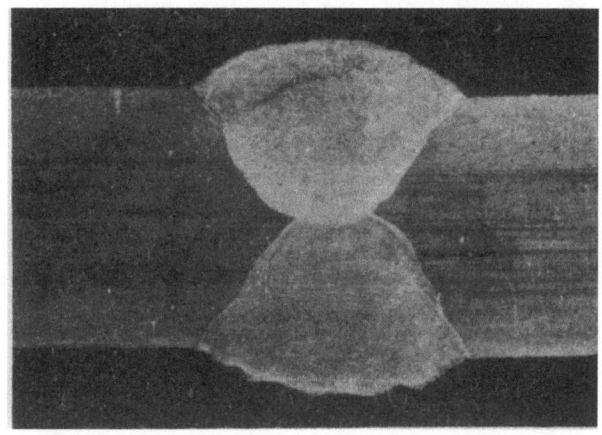

Abbildung 14
V = ~ 2,5 x

Werkstoff St 37,   Stärke 12,5 mm, I-Naht,
Elektroden-⌀ 6 mm, Pulverdüse 14 mm ⌀,
Schweißstrom   550 A beide Lagen
Spannung   26 V   "   "
Schweißgeschwindigkeit 450 mm/min
Ätzmittel: Adlerätzung

Die für die einzelnen Blechdicken erforderlichen Elektrodendurchmesser, günstige Nahtformen sowie Zahl der Schweißlagen sind in Tabelle 4 (s. Abschnitt 7, S. 36) mit den zugehörigen Schweißdaten zusammengestellt.

7. Untersuchung der Einflußfaktoren

7.1 Stromstärke

Die Höhe der günstigen Stromstärke für eine bestimmte Schweißarbeit richtet sich in erster Linie nach dem Elektrodendurchmesser und der Werkstoffstärke. Nahtform bzw. Nahtvorbereitung haben demgegenüber zweitrangige Bedeutung. Es ist schwierig, genaue Richtwerte für den Schweißstrom anzugeben. Im Verlaufe der Untersuchung erwiesen sich für einen Elektrodendurchmesser von 6 mm Stromstärken zwischen 550 und 750 A als günstige Werte. Höhere Stromstärken sind zwar wegen Erhöhung der Abschmelzleistung wünschenswert, jedoch aus Gründen der Strombelastbarkeit der Elektrode nur bedingt anwendbar. Die Abbildung 16 zeigt die Strombelastbarkeit umhüllter Elektroden in Abhängigkeit vom Elektrodendurchmesser und von der Elektrodenlänge. Die Werte wurden für handelsübliche Elektroden ermittelt. Hierbei wurde als höchste Stromstärke diejenige zugelassen, bei der das Einspannende der Elektrode keine höhere Temperatur als 800 °C annahm (5). Wie

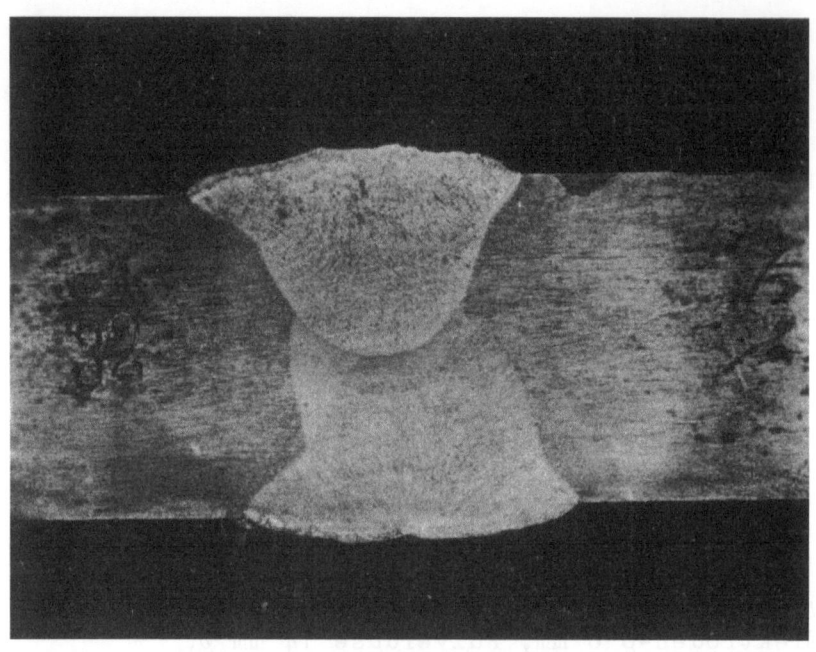

Abbildung 15

V = 2 x

Werkstoff HII, Stärke 20 mm, Elektroden-∅ 6 mm

1. Lage   J = 450 A   U = 28 V
            D = 12 mm ∅ v_s = 350 mm/min

2. Lage   J = 550 A   U = 28 V
            D = 14 mm ∅ v_s = 350 mm/min

Gegenlage   J = 450 A   U = 28 V
            D = 12 mm ∅ v_s = 300 mm/min

Ätzmittel: Adlerätzung

sich aus einer Anzahl von Versuchen ergeben hat, können die in der Abbildung 16 angegebenen Werte auch beim BBC-Verfahren als Richtwerte für die Strombelastbarkeit einer Elektrode von 4,5 sowie 6 mm ∅ gelten.

Die oben als günstig angegebenen Stromstärken von 550 bis 750 A bei einer Elektrode von 6 mm ∅ sind auf den ca. 230 bis 250 mm großen Abstand von Stromzufuhr und Lichtbogen zurückzuführen. Bei der Verwendung höherer Stromstärken wird die Elektrode mehr als 800 °C erwärmt. Eine glühende Elektrode hat zur Folge, daß die durch den Pincheffekt eintretende Einschnürung und Tröpfchenbildung so erfolgt, daß große Tropfen von der Elektrode losgelöst werden. Paart sich mit einer solchen Schweißstromstärke noch eine hohe Schweißgeschwindigkeit, so ist das Resultat eine völlig unregelmäßige und rauhe Schweißnaht, die sehr anfällig für Poren und Bindefehler ist.

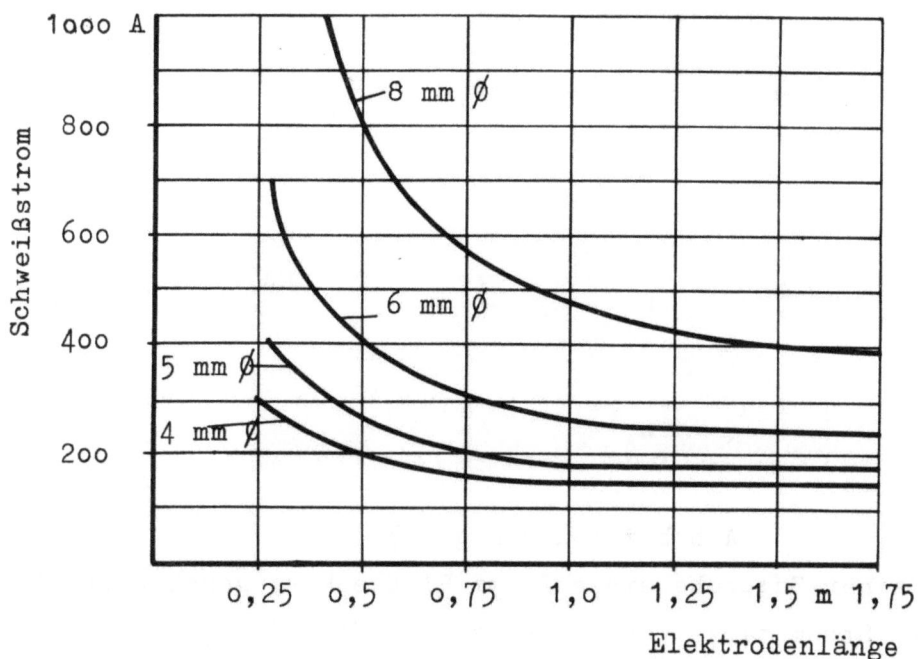

Abbildung 16
Strombelastbarkeit umhüllter Elektroden

Eine sehr hohe Stromstärke bewirkt überdies eine starke Überhitzung des Schweißgutes und eine starke Grobkornbildung im Übergangsgebiet, wo der Grundwerkstoff bis dicht unterhalb A_4 (1401 °C) erwärmt wird. Es bilden sich hier grobe Austenitkristalle, deren Größe sich nach der Höhe der Temperatur richtet. Abbildung 17 zeigt die Bruchfläche einer Zugprobe eines 20 mm HI-Bleches, das mit einer Stromstärke von 850 A geschweißt wurde. Der Bruch erfolgte neben der Naht im Gebiet der Grobkornbildung, die in der Bruchfläche gut zu erkennen ist.

Sehr unangenehm wirkt sich die Grobkornbildung auf die mechanischen Eigenschaften, namentlich auf den erzielbaren Biegewinkel aus. Abbildung 18 zeigt eine im Übergangsgebiet gerissene Biegeprobe, die der gleichen Versuchsschweißung (gleiche Bedingungen) wie die in Abbildung 17 dargestellten entnommen wurde.

Die auf Grund der Versuchsreihen ermittelten günstigen Stromstärken sind in Tabelle 4 Seite 36 aufgeführt.

7.2 Lichtbogenspannung

Der Einfluß der Lichtbogenspannung wurde in Vorversuchen unter sonst gleichartigen Schweißbedingungen ermittelt. Ausgehend von dem Einfluß der Licht-

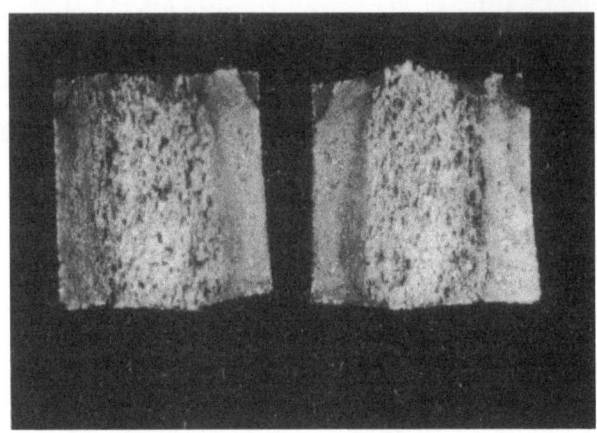

Abbildung 17

Bruchflächen einer Zugprobe eines 20 mm HI-Bleches, geschweißt mit einer Stromstärke von 850 A (starke Überhitzung)

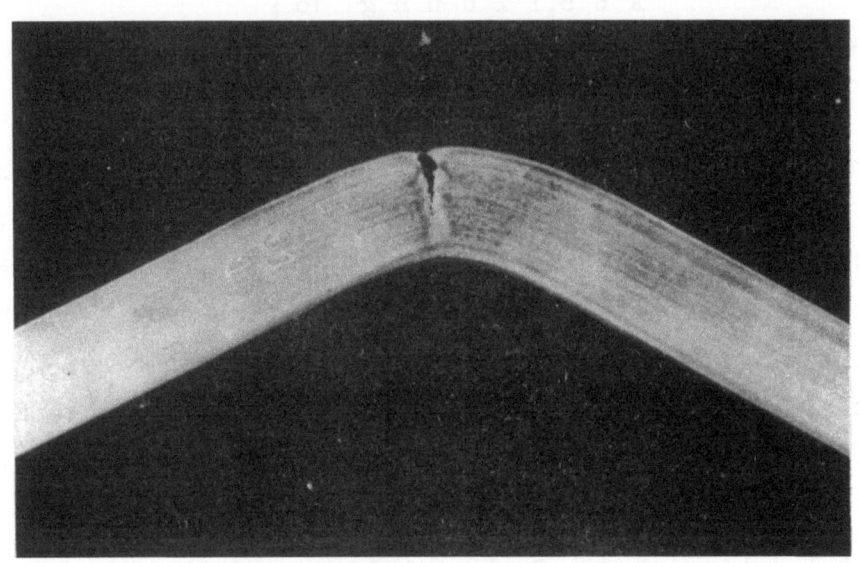

Abbildung 18

Im Übergangsgebiet aufgebrochene Biegeprobe

(über Schweißraupe gebogen)

Schweißdaten zu Abbildung 18:

1. Lage   J = 590 A   U = 28 V
               D = 14 mm ⌀ v_s = 350 mm/min

2. Lage   J = 850 A   U = 28 V
               D = 14 mm ⌀ v_s = 350 mm/min

Gegenlage   J = 450 A   U = 28 V
                   D = 12 mm ⌀ v_s = 300 mm/min

bogenspannung bei der Auftragsschweißung zeigt sich, daß mit zunehmender Spannung Einbrandtiefe und Größe der wärmebeeinflußten Zone wachsen. Die gleiche Tendenz ergab sich auch bei Verbindungsschweißung.

Im vorliegenden Falle ist ein Kompromiß zwischen gutem Einbrand und Größe der Wärmeeinflußzone zu schließen. Gegen die Anwendung hoher Lichtbogenspannungen spricht ferner folgende Tatsache, daß mit zunehmender Spannung auch die Lichtbogenlänge wächst. Hierdurch ist beim BBC-Verfahren das abtropfende Material mehr den atmosphärischen Einflüssen ausgesetzt. Die Folge hiervon ist eine höhere Anfälligkeit der Schweiße gegen Fehlererscheinungen (z.B. Poren durch Oxyde). Schweißgutuntersuchungen von STRETTON (10) ergaben, daß die Sauerstoffaufnahme am geringsten unterhalb von 28 V ist. Bei den Vorversuchen lagen die besten mechanischen Werte geschweißter Proben bei einer Lichtbogenspannung von 27 und 28 V. Im Verlaufe der Versuche wurden daher hauptsächlich diese beiden Spannungen verwendet.

7.3 Schweißgeschwindigkeit

Die Schweißgeschwindigkeit beeinflußt in starkem Maße das Aussehen und die Güte der Schweißnaht. Zur eingehenderen Untersuchung wurde die Raupenbildung bei Auftragsschweißungen ausgewertet. Als Kriterium dienten Einbrand und Raupenbreite für die Festlegung der Schweißgeschwindigkeit.

Wie die nachfolgenden Makroaufnahmen erkennen lassen, bedingt eine wachsende Schweißgeschwindigkeit eine Annahme von Einbrandfläche, Raupenbreite, Einbrandtiefe und Auftragshöhe (s. Abb. 20 bis 23). Die Ergebnisse dieser Versuchsreihen sind in den beiden Diagrammen der Abbildung 19 graphisch dargestellt.

Die Verkleinerung von Einbrandtiefe und Auftragshöhe ist geringfügig. Wesentlich stärker ist der Einfluß verminderter elektrischer Leistung pro Längeneinheit, der eine Abnahme der Raupenbreite zur Folge hat. In Verbindung hiermit nimmt Einbrand und Auftragsfläche ab.

Die Oberflächenbeschaffenheit der Naht wird mit zunehmender Schweißgeschwindigkeit schlechter. Ferner nimmt die Anfälligkeit zur Porenbildung zu, da das Schweißgut schneller erstarrt und die Gase dadurch schlechter entweichen können. Die Poren in der Schweißnaht der Abbildung 20 sind darauf wahrscheinlich zurückzuführen, daß die zur Abdeckung der Naht vorhandenen Pulvermenge bei einer breiten Raupe nicht ausreicht, wie letztere sich bei geringer Schweißgeschwindigkeit bildet.

Forschungsberichte des Wirtschafts- und Verkehrsministeriums Nordrhein-Westfalen

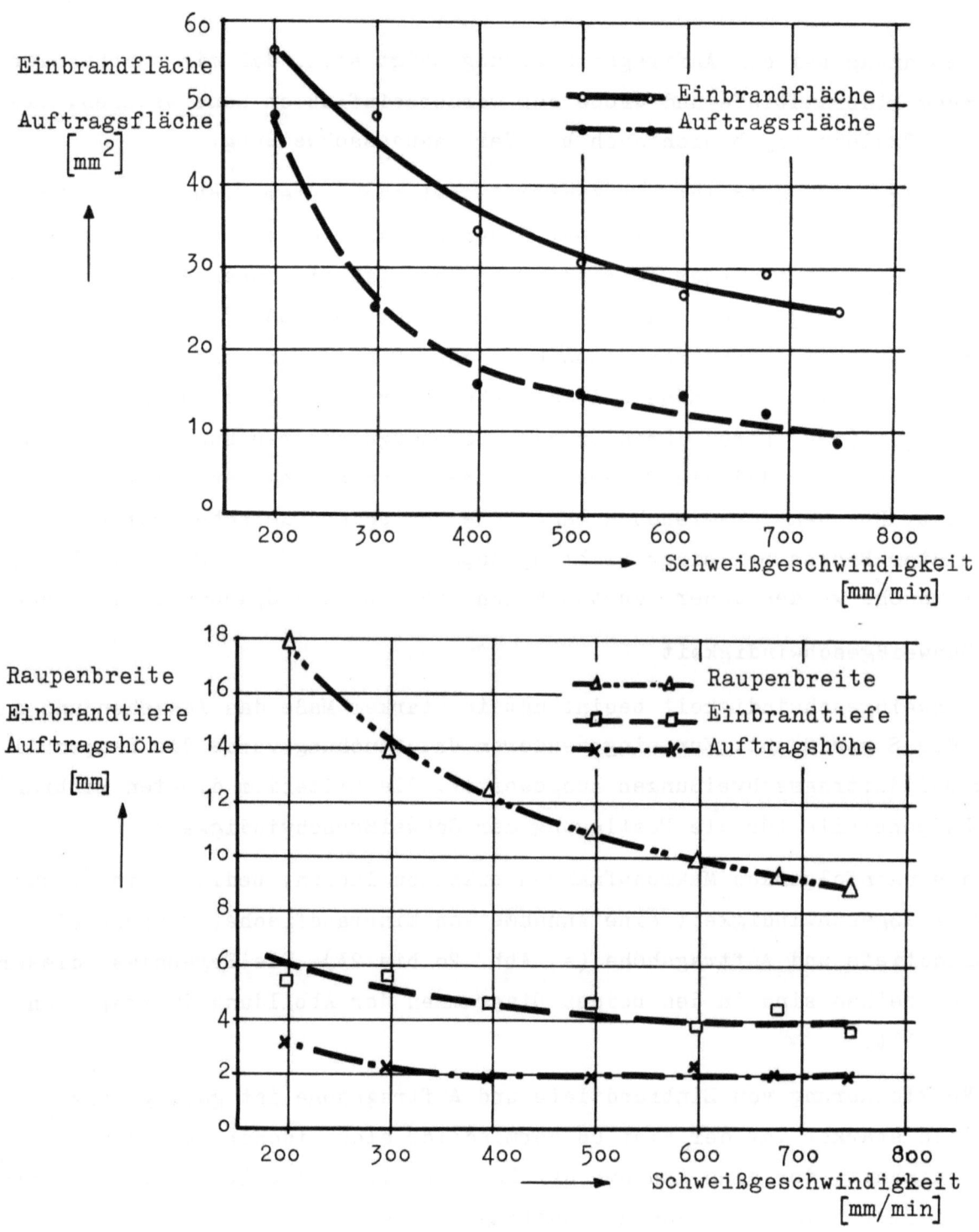

Abbildung 19

Einfluß der Schweißgeschwindigkeit auf Einbrand und Auftrag

Die Schweißbedingungen zu Abbildung 19 sind:

Draht-⌀ 5 mm, J = 400 A,

U = 27 V, Pulver: BBC 55,

Pulveraustrittsdüse: 12 mm ⌀

Draht: Uniolind S1

Abbildung 20

$V = 3 \text{ x}, v_s = 200 \text{ mm/min}$

Einbrandfläche 56,5 mm²
Auftragsfläche 49,0 mm²
Einbrandtiefe   5,7 mm
Auftragshöhe   3,3 mm
Raupenbreite   18,0 mm

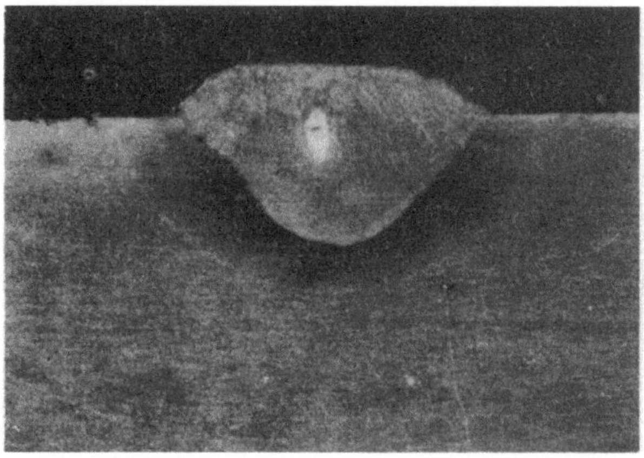

Abbildung 21

$V = 3 \text{ x}, v_s = 400 \text{ mm/min}$

Einbrandfläche 34,5 mm²
Auftragsfläche 16,7 mm²
Einbrandtiefe   4,85 mm
Auftragshöhe   2,0 mm
Raupenbreite   12,6 mm

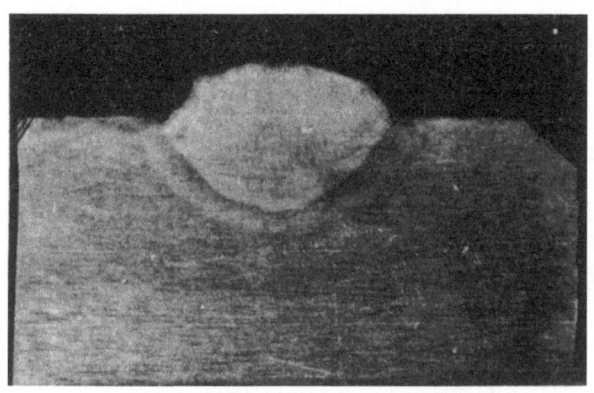

Abbildung 22

$V = 3 \text{ x}, v_s = 600 \text{ mm/min}$

Einbrandfläche 27,3 mm²
Auftragsfläche 15,4 mm²
Einbrandtiefe   3,9 mm
Auftragshöhe   2,4 mm
Raupenbreite   10,0

Abbildung 23

$V = 3 \text{ x}, v_s = 750 \text{ mm/min}$

Einbrandfläche 26,5 mm²
Auftragsfläche 9,5 mm²
Einbrandtiefe   3,9 mm
Auftragshöhe   2,1 mm
Raupenbreite   9,0 mm

Schweißbedingungen für die Abbildungen 2o bis 23:

Drahtdurchmesser 5 mm, Stromstärke 4oo A,

Schweißspannung 26 V, Pulveraustrittsdüse 12 mm ⌀

Schweißgeschwindigkeit veränderlich,

Ätzmittel: Adlerätzung

Forschungsberichte des Wirtschafts- und Verkehrsministeriums Nordrhein-Westfalen
___

Für die Wahl der Schweißgeschwindigkeit bei der Verbindungsschweißung ergeben sich im Prinzip gleiche Tendenzen wie bei der Auftragsschweißung. Hinzu kommt jedoch der Einfluß der Blechstärke, der Nahtform usw., so daß es hier sehr schwierig ist, allgemein gültige Richtwerte aufzustellen. Die Automatenschweißung setzt daher eine gewisse Erfahrung voraus, um durch richtige Wahl der Schweißbedingungen bei gegebener Schweißnahtform eine einwandfreie Schweißung zu erzielen. In Abbildung 24 bis 26 ist der Einfluß der Schweißgeschwindigkeit bei sonst konstanten Versuchsbedingungen an einem 12,5 mm starken Blech der Qualität St 37 veranschaulicht. Eine Erhöhung des Schweißstromes von 550 A auf 750 A, die einen tieferen Einbrand ergeben hätte, konnte bei der hohen Schweißgeschwindigkeit von 700 mm pro Minute für die Probe in Abbildung 24 nicht durchgeführt werden. Der Grund hierfür ist darin zu sehen, daß infolge der hierbei entstehenden rauhen Nahtoberfläche kein einwandfreier Spannungsverlauf gegeben ist, wie dieser bei höher beanspruchten Nähten gefordert werden muß. Die Schweißgeschwindigkeit mußte daher gesenkt werden, um eine Naht mit ausreichenden Festigkeitseigenschaften zu erhalten.

7.4 Wirtschaftlichste Stärke der Pulverumhüllung

Zu Beginn dieses Abschnittes muß gesagt werden, daß die chemischen Einflüsse des Pulvers in dieser Arbeit keine Berücksichtigung fanden, sondern bei der Untersuchung dieses Punktes von folgenden zwei Fragen ausgegangen worden ist:

a) welche Umhüllungsstärken kann man im Rahmen einer wirtschaftlichen Schweißung anwenden?

b) welche Umhüllungsstärken muß man anwenden, um die Güte einer Schweißverbindung nicht zu beeinträchtigen?

zu a): Die Beantwortung dieser Frage forderte zunächst eine eingehende Untersuchung des Zusammenhanges zwischen Stromstärke und anwendbare Umhüllungsdicke. Rein experimentell wurde deshalb die Stärke des magnetischen Feldes, die für die Haftung des Pulvers an der Elektrode verantwortlich ist, ermittelt.

Durch Änderung des Schweißstromes und des Durchmessers der Pulveraustrittsdüse konnte so rein experimentell der in Abbildung 27 dargestellte Zusammenhang festgestellt werden. Das Diagramm hat jedoch nur Gültigkeit für Elektroden von 6 mm Durchmesser.

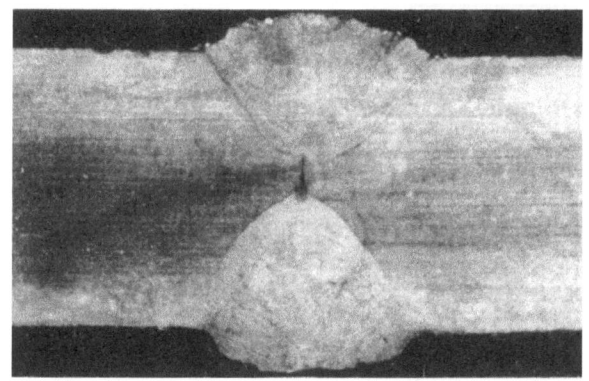

Abbildung 24
$v_s = 700$ mm/min, $V = 2,8$ x

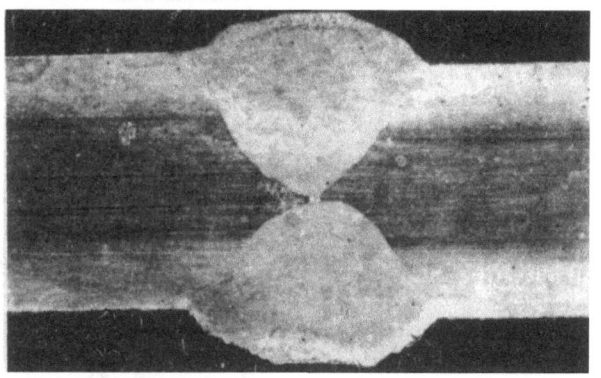

Abbildung 25
$v_s = 550$ mm/min, $V = 2,6$ x

Abbildung 26
$v_s = 450$ mm/min, $V = 2,6$ x

Schweißbedingungen für die Abbildungen 24 bis 26:

Werkstoff St 37, Stärke 12,5 mm
Elektrode: Uniolind S 1 mit einem Durchm. von 6 mm
Pulveraustrittsdüse: D = 14 mm ⌀
Schweißstrom: 550 A; Schweißspannung: 26 V
veränderliche Geschwindigkeit,
Ätzmittel: Adlerätzung

Es zeigt sich nämlich, daß bei der Verwendung einer bestimmten Pulveraustrittsdüse ein Mindestschweißstrom verwendet werden muß, z.B. Düsendurchmesser = 14 mm, Schweißstromstärke minimal 350 A. Findet ein kleinerer Schweißstrom als 350 A in vorerwähntem Falle Anwendung, so reicht die Stärke des von ihm gebildeten Magnetfeldes nicht mehr aus, um das Pulver vollkommen an der Elektrode haften zu lassen. In diesem Falle fließt das

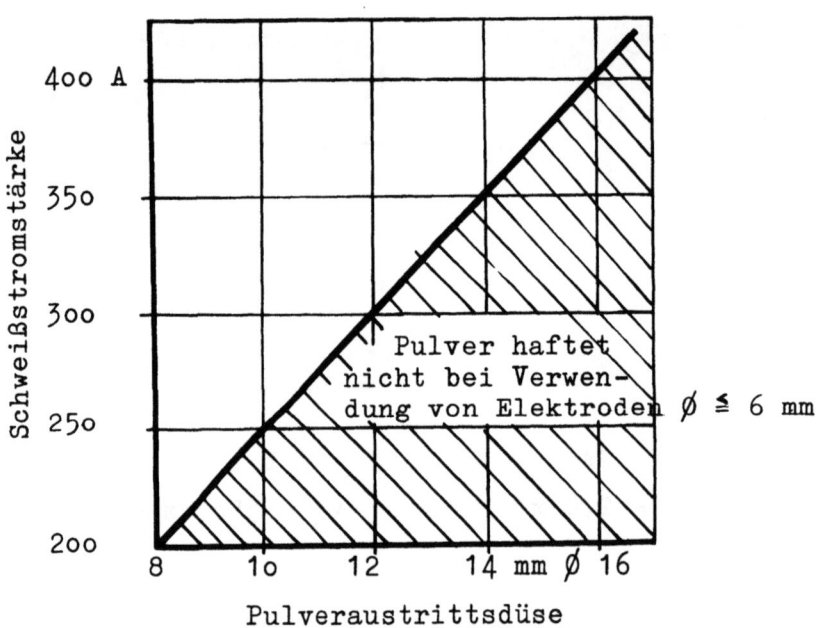

Abbildung 27

Zusammenhang zwischen Schweißstrom und Stärke der Umhüllung

Pulver außerhalb des Magnetfeldes fortlaufend aus der Düse aus ohne Nutzeffekt für den Schweißvorgang.

zu b): Frei austretendes Pulver tritt in Form einer Ringfläche aus der Düse aus. Es fällt naturgemäß ein Teil des Pulvers hierbei in die vorbereitete Schweißnaht. Bei starkem Pulverüberschuß kann hierbei der Lichtbogen abreißen. Ist jedoch nur ein mäßiger Pulverüberschuß gegeben, so wird das Pulver, das wie vor beschrieben in die vorbereitete Naht gelangt, evtl. unbemerkt mit aufgeschmolzen. Herabsetzung der Kerbschlagzähigkeit der Schweißverbindung ist die Folge. Darüber hinaus begünstigt vorgelaufene Schlacke bzw. Schweißpulver sehr die Porenbildung. Aus diesen Gründen ist die Pulveraustrittsdüse unbedingt der jeweils kleinsten verwendeten Stromstärke anzupassen.

Hinzu kommt außerdem der Einfluß des Öffnungswinkels der Naht, der Nahtbreite sowie der Schweißgeschwindigkeit auf die Pulvermenge und damit auf die Wahl der erforderlichen Pulveraustrittsdüse. Wie vor beschrieben entspricht einer Mindestschweißstromstärke eine bestimmte mögliche Pulvermenge. Werden nun aber Stromstärken verwendet, bei denen die Haftung des Pulvers außer Frage steht, so müssen die vorgenannten Faktoren berücksichtigt werden. Hierfür lassen sich nur schwer Richtwerte angeben. Die Wahl der geeigneten Umhüllungsstärke nach fertigungstechnischen und wirtschaftlichen Gesichtspunkten ist Erfahrungswerten anzupassen.

Bei den vorliegenden Versuchsreihen haben sich für den 4 mm Draht eine 1o mm, den 5 mm Draht eine 12 mm und den 6 mm Draht eine 14 mm starke Pulveraustrittsdüse nicht nur als wirtschaftlich günstig erwiesen, sondern die mit diesen Umhüllungsdicken geschweißten Bleche ergaben auch gute technologische Werte.

Wird hingegen bei der Festlegung der Schweißbedingungen die Stärke der Umhüllung zu gering gewählt, so zeigen sich in der geschweißten Naht Poren. Der Grund hierfür ist die geringe Pulvermenge, die nicht ausreicht, die Naht voll abzudecken. Die beim Schweißen sich bildenden Gase entweichen nur mangelhaft, da das Schweißgut wegen mangelnder Abdeckung zu schnell erstarrt. Einleuchtend ist, daß bei kleinem Öffnungswinkel der Naht eine kleinere Austrittsdüse verwendet werden kann zum Schweißen der ersten Lage gegenüber dem Schweißen der Decklage. Die Tabelle 4 enthält einige Richtwerte für zweckentsprechende Düsendurchmesser.

8. Fehlererscheinungen in der Schweiße

8.1 Fischaugen

Bisweilen beobachtet man in dem meist dunkel erscheinenden Verformungsbruch von Schweißgut, das mit Mantelelektroden geschweißt wurde, beim Zugversuch helle, ohne Verformung gebrochene Stellen. Man bezeichnet diese hellen Flecke auf Grund ihres Aussehens mit "Fischaugen". Sie gehen im allgemeinen von Fehlstellen in der Schweißnaht aus (8). Als eigentliche Ursache für das Auftreten von Fischaugen in Schweißnähten wurde ziemlich übereinstimmend (13) der Wasserstoff erkannt, der aus der Elektrodenumhüllung stammt. Bei den vorliegenden Versuchen mit dem BBC-Schweißverfahren traten Fischaugen nur vereinzelt auf. Vergleichsschweißungen, die einmal mit getrocknetem Umhüllungspulver und zum anderen mit Pulver, das zwei Tage der Luftfeuchtigkeit ausgesetzt war, geschweißt wurden, ließen erkennen, daß das Auftreten der Fischaugen bei diesen Schweißungen hauptsächlich auf die Feuchtigkeit des Umhüllungspulvers zurückzuführen ist. Bei Verbindungsschweißungen mit feuchtem Pulver konnte eine sehr starke Anhäufung von Fischaugen in den Zugproben nachgewiesen werden (s. Abb. 28). Um gleiche Voraussetzungen bei den Versuchen zu schaffen, wurde das Pulver getrocknet,

Tabelle 4

Schweißdaten zu den durchgeführten Einzelversuchen

Blech-stärke mm	Elektr. ⌀ mm	Pulverdüse ⌀ mm Wurz.lage	Pulverdüse ⌀ mm Haupt.lage	Nahtform	Schweiß-spalt mm	Lagenzahl Wurz.lage	Lagenzahl Haupt.lage	Lagenzahl Gegen.lage	Schweißstrom A Wurz.lage	Schweißstrom A Haupt.lage	Schweißstrom A Gegen.lage	Span-nung V	Schweißgeschwindigkeit mm/min Wurz.lage	Schweißgeschwindigkeit mm/min Haupt.lage	Schweißgeschwindigkeit mm/min Gegen.lage
6	4	–	10	I-Naht	1	–	1	–	–	300–350	–	26	–	600	–
8	5	–	12	I-Naht	2	–	1	–	–	550	–	26	–	500	–
10	6	–	14	I-Naht	2	–	1	–	–	650–700	–	26	–	400	–
12	6	–	14	I-Naht	1–2	–	1	1	–	650	500	26	–	450	450
15	6	–	14	V-Naht 40° 2 mm Stegh.	1–2	–	1	1	–	650	600	27	–	450	450
20	6	12	14	V-Naht 40° 4 mm Stegh.	1–2	1	2	1*)	550	600	500	27	350	300 Decklage	250
25	6	12	14	V-Naht 40° 4 mm Stegh.	2	1	3	1*)	550	600	500	27	350	300 Decklage 250	250

*) Gegenlage nur bei Kesselwerkstoffen erforderlich

Forschungsberichte des Wirtschafts- und Verkehrsministeriums Nordrhein-Westfalen

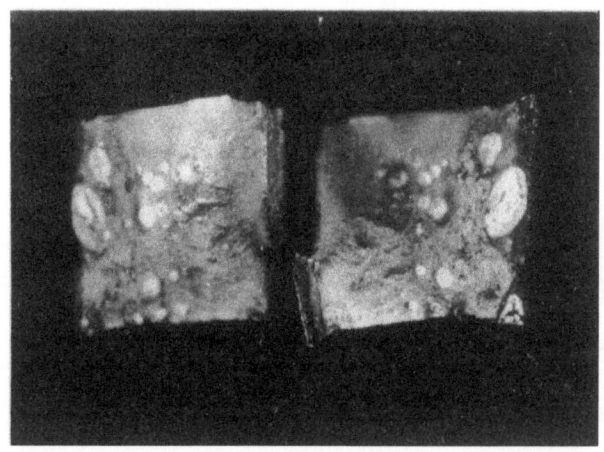

Abbildung 28

Fischaugen in der Bruchfläche einer Zugprobe, die mit feuchtem Pulver nach dem BBC-Verfahren geschweißt wurde. Material H I, Stärke 2o mm

das nicht kurz vor Beginn der Schweißung den luftdicht verschlossenen Transportbehältern entnommen wurde.

8.2 Poren

Eine der gefürchtetesten Erscheinungen beim Schweißen mit Automaten ist das Auftreten von Poren. Sofern Poren einzeln auftreten, sind sie nicht sehr schädlich. Eine abgerundete Pore beeinträchtigt den Spannungsfluß im Werkstück ohne Kerbwirkung und ohne wesentliche Spannungsspitzen nur geringfügig. Gefährlich ist jedoch die Form der Poren, wie solche in Abbildung 29 (Röntgenaufnahme) eines 25 mm starken Bleches der Qualität H II zu sehen sind. Hier erkennt man in der Gegenlage deutliche Poren, die fast die gleiche Ausrichtung der kristallinen Struktur des Werkstoffes haben. Der an dieser Stelle angefertigte Makroschliff in Abbildung 29a gibt dies deutlich wieder.

Die Entstehung dieser Poren läßt sich nicht exakt angeben. Auf Grund der fächerförmigen Verteilung ist ein Zusammenhang mit dem Werkstoff oder zumindest mit dem Abkühlungsvorgang des Werkstoffes zu vermuten. Die Porösität paßt sich gleichsam dem Primärkornwachstum an und scheint durch eine Übersättigung der erstarrenden Schmelze mit Gasen hervorgerufen zu sein. Die Abkühlungsgeschwindigkeit wurde bei der gezeigten Naht zusätzlich durch die Verwendung einer Pulveraustrittsdüse von nur 12 mm Durchmesser beschleunigt, so daß eine geringe Pulvermenge als Grund für die Porenerscheinung in den Vordergrund tritt. Letzteres wird dadurch bekräftigt,

Forsohungsberichte des Wirtschafts- und Verkehrsministeriums Nordrhein-Westfalen

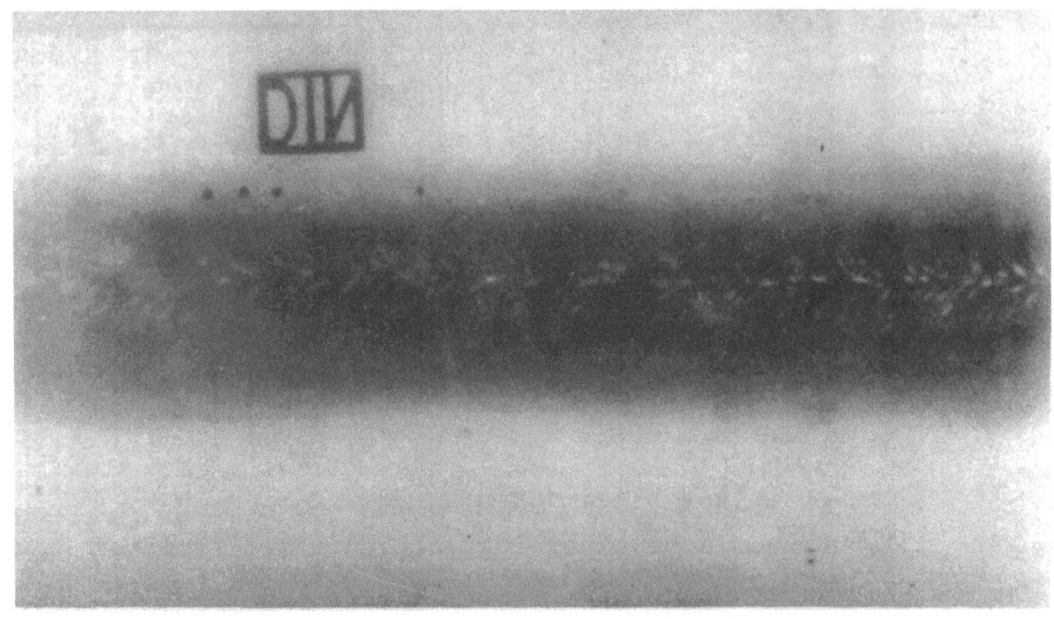

Abbildung 29
Röntgenaufnahme einer Schweißprobe aus Kesselblech H II,
25 mm stark. Porenkette in der Wurzelnaht

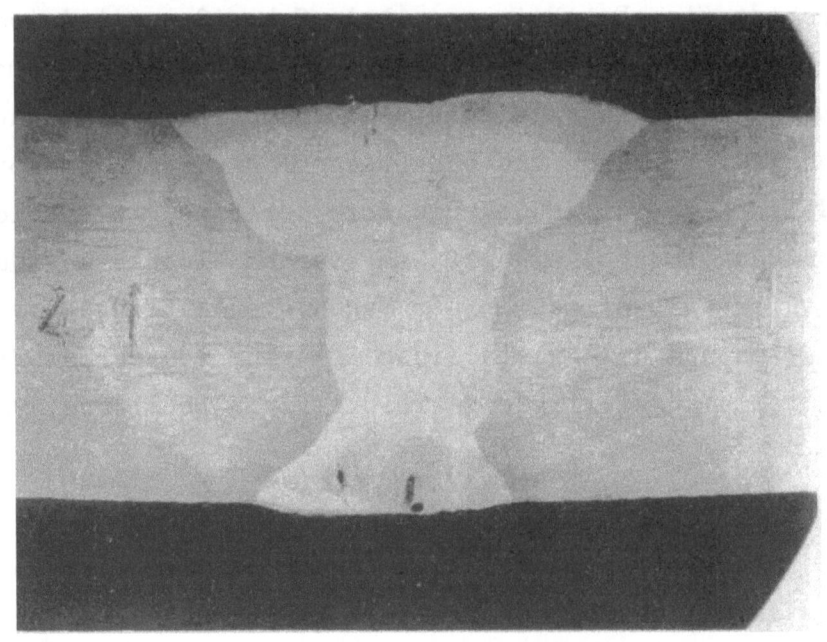

Abbildung 29a
Makroschliff der Röntgenprobe von Abbildung 29

daß bei der Schweißung der Gegenlagen bei sonst gleichen Schweißbedingungen jedoch bei Verwendung einer Düse von 14 mm Durchmesser röntgenfest Nähte erzielt wurden. Inwieweit die chemische Zusammensetzung des Schweißbades mit dem Schweißpulver reagiert, wurde in der vorliegenden Arbeit nicht geklärt.

Abgesehen von dem vorgenannten Extremfall wurden bei den durchgeführten Versuchsschweißungen einzelne Poren festgestellt:

a) bei zu hoher Schweißgeschwindigkeit im Bereich kleiner Stromstärken,

b) bei zu niedriger Schweißgeschwindigkeit im Bereich hoher Stromstärken (s. 7.3),

c) bei geringer Stärke der Pulverumhüllung,

d) bei Lichtbogenspannungen über 32 Volt,

e) bei Vorhandensein von Glühzunder, sowie Öl oder Fett im Bereich der Schweißnaht,

f) bei stark geseigerten Stählen.

Inwieweit Rost einen Einfluß auf die Entstehung von Poren hat, konnte bei den vorliegenden Versuchen nicht ermittelt werden.

Hingewiesen sei in diesem Zusammenhang auf die im Abschnitt 5.1 (Nahtvorbereitung), Seite 20, erwähnte Porenbildung bei dem BBC-Schweißverfahren zu Beginn der Schweißnaht, die auf die Verschweißung von etwa 50 mm Blankdraht ohne Umhüllung zurückzuführen ist. Dies ist für die Praxis von Nachteil, da der Nahtanfang z.B. bei Rundnähten jedes Mal gründlich ausgekreuzt oder ausgeschliffen werden muß.

9. Untersuchung der Schweißverbindungen

9.1 Vorbemerkung

Die aus der Vielzahl der Versuche gewonnenen Ergebnisse wurden nach Abschluß der Versuchsreihen wiederholt einer kritischen Prüfung bzw. Überprüfung unterzogen. Gewissermaßen zur Bestätigung der gefundenen günstigen Schweißbedingungen (s. Tab. 4) wurden abschließend vier Versuchsschweißungen an Kesselwerkstoffen durchgeführt, deren Auswertung entsprechend den Richtlinien des Technischen Überwachungsvereins vorgenommen wurde, so daß diese Versuche einer behördlichen Abnahme gleichzusetzen sind.

Als Werkstoff wurden die in Abschnitt 4.3 genannten Kesselblechgüten H I und H II von 20 bzw. 25 mm Stärke verwendet. Die vorbereiteten Nähte hatten einen Öffnungswinkel von 40 bis 42° bei 2 mm Steghöhe. Die Spaltbreiten betrugen bei den 20 mm starken Blechen 1 mm und bei den 25 mm starken Blechen 2 mm. Der Spalt wurde beim Schweißen mit einer Kupferschiene von unten abgedeckt. Nach dem Schweißen der Oberseite wurde die Wurzel mit einer 4 mm starken Mantelelektrode von Hand ausgebrannt und mit einer Lage nachgeschweißt. Für die erste Lage jeder Platte wurde eine Pulveraustrittsdüse von 12 mm ⌀ verwendet, für die weiteren Lagen eine solche von 14 mm ⌀ Die Zahl der Lagen, Höhe der Schweißspannungen, Stromstärken sowie die Schweißgeschwindigkeit gehen aus Tabelle 5 hervor. Die Schweißungen wurden ohne Pendelbewegung durchgeführt.

Als Zusatzdraht diente ein 6 mm Draht "Uniolind S1". Als Schweißpulver wurde die Qualität BBC 55 verwendet.

In den nachstehenden Ausführungen ist unter der Kennzeichnung der Probeplatten zu verstehen:

Probeplatte 12 = Kesselblech der Qualität H II, Stärke 20 mm
Probeplatte 24 =   "   "   "   H I ,   "   25 mm
Probeplatte 32 =   "   "   "   H I ,   "   20 mm
Probeplatte 42 =   "   "   "   H II,   "   25 mm

Tabelle 5
Aufbau der Schweißnähte

Platte Nr.	Lage	Stromstärke A	Spannung V	Pulverdüse ⌀ (mm)	Schweißgeschw. mm/min
12	1	500	27	12	350
	2	600	27	14	300
	3	600	27	14	300
Wurzel	1	500	27	14	250
24	1	520	27	12	350
	2	550	27	14	350
	3	550	27	14	300
	4	500	27	14	250
Wurzel	1	500	27	14	250
32	1	550	27	12	350
	2	600	27	14	300
	3	600	27	14	300
Wurzel	1	500	27	14	250
42	1	500	27	12	350
	2	550	27	14	300
	3	560	27	14	300
Wurzel	1	500	27	14	250
	4	500	27	14	250

9.2 Röntgenprüfung

Bei der Röntgenprüfung ergab sich nachstehender Befund:

Platte Nr.	Drahterkenn-barkeit vH	Befund
12	1,5	Kleiner Schlackeneinschluß in Nahtmitte; kleine örtliche Einbrandkerben.
24	1,2	Kleine Pore im Übergang, sonst fehlerfrei.
32	2	Fehlerfrei.
42	1,2	Kleiner Schlackeneinschluß in Nahtmitte; Einbrandkerbe am Plattenende.

Auf die Wiedergabe der Röntgenaufnahme wird verzichtet, da diese ohnehin nur als Positiv gebracht werden könnte.

9.3 Aufteilung der Probeplatten

Die Aufteilung der Probeplatten erfolgte ähnlich wie bei der Kessel-Schweisserprüfung, jedoch wurde die Zahl der Kerbschlagproben auf 3, die Gefügeschliffe auf 2 erhöht. Außerdem wurde aus dem Schweißgut der Platten 24 und 42 je eine Zerreißprobe aus reinem Schweißgut entnommen. Die Prüfung erfolgte in ungeglühtem Zustand.

Die Lage der Probe geht im einzelnen aus der in Abbildung 30 wiedergegebenen Skizze hervor. Aus jeder Platte wurden demnach folgende Proben untersucht:

Flachzugprobe DIN 50 120	1	Ausgerundete Zugprobe DIN 50 120	1
Faltproben Raupen gezogen	2	Faltproben Wurzel gezogen	2
Kerbschlagproben (DVMR)	3	Gefügeproben	2

9.4 Zerreißversuche

Die Ergebnisse der Zerreißversuche sind in Tabelle 6 festgehalten. Die Flachzugproben brachen mit Ausnahme einer Probe, die infolge eines Fisch-

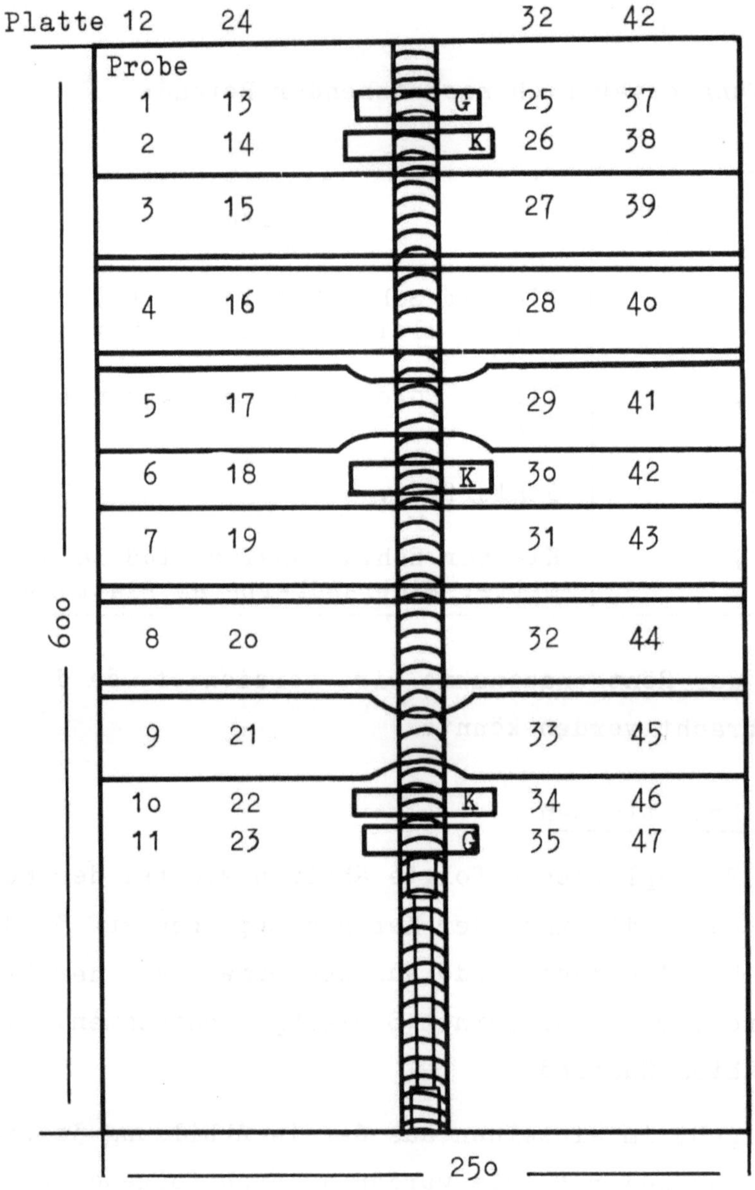

Abbildung 30

Aufteilung der Probeplatten für technologische Prüfungen

auges in der Schweiße riß, alle im Grundwerkstoff. Die Flachzugproben für die Prüfung des Schweißgutes brachen ausnahmslos in der Schweiße; sie zeigten vereinzelt kleine Fischaugen und in einem Fall einen kleinen Schlackeneinschluß.

Die Festigkeitswerte der Zerreißproben zur Prüfung des Schweißgutes, die im ungeglühten Zustand untersucht wurden, lagen oberhalb der für die Grundwerkstoffe geforderten Mindestfestigkeitswerte. Sie zeigten keine Fehlstellen. Das Verhältnis von Streckgrenze zu Zugfestigkeit, das mit 0,88 ermittelt wurde, liegt relativ hoch. Bei einer im normalgeglühten Zustand

Tabelle 6

Ergebnisse der Zerreißversuche

Schweißraupen bis auf Blechdicke abgearbeitet
Probestabform nach DIN 50 120

Flachzugproben Nr. 17, 29, 5, 41
Ausgerundete Zugproben Nr. 21, 33, 9, 45

Probe-platte	Probe-nummer	Streck-grenze kg/mm^2	Festig-keit kg/mm^2	Dehnung (1=30 mm) %	Einschn. %	Bruchlage und Bemerkung
H I Anforderung		21	35-45	22,2		
24	17	35,7	47,5	(28,4)	-	Grundwerkstoff
	21	38,2	48,+)	-	33,0	Schweiße, Schlak-ken-Einschl.
32	29	34,5	51,0	(30,0)	-	Grundwerkstoff
	33	37,2	50,4+)	-	46,4	Schweiße, mehre-re kl. Fischaugen
H II Anforderung		24	41-50	20		
12	5	35,8	53,1	46,7	-	Schweiße, kl. Fischaugen
	9	42,2	52,4+)	-	43,8	Schweiße, 2 kl. Fischaugen
42	41	40,2	52,3	(23,3)	-	Grundwerkstoff
	45	43,0	52,3+)	-	50,9	Schweiße, kl. Fischauge
+) Zugfestigkeit = $\frac{P}{1,1 \cdot F}$						
Schweißgutzerreißproben						
ungeglüht						
24	24	42,7	48,5	22,5	61,0	Ohne Fehlst.
42	48	46,2	52,9	22,5	57,7	" "
normalgeglüht						
34	24	30,9	47,1	22,5	60	" "

geprüften Schweißgut-Zerreißprobe wurden ebenfalls die Anforderungen erfüllt; das Verhältnis von Streckgrenze zu Zugfestigkeit sank hierbei auf 0,65 ab.

Forschungsberichte des Wirtschafts- und Verkehrsministeriums Nordrhein-Westfalen
___

Abbildung 31
Im Grundwerkstoff gebrochene Flachzugproben

Die an den Proben ermittelten Festigkeits- und Dehnwerte entsprechen den Anforderungen, die an höher bewertete Schweißnähte zu stellen sind. Es erscheint jedoch notwendig, den öfter gefundenen Fischaugen Beachtung zu schenken.

9.5 Faltversuch

In Tabelle 7 sind die Ergebnisse der Faltversuche zusammengestellt. Alle Biegeproben aus den Platten 24 und 32 (Werkstoff H I) erreichten bei einem Dorndurchmesser von 1 x s einen Biegewinkel von 180° und konnten anschliessend bis zu einem Schenkelabstand von 0,5 x s weitergefaltet werden, ohne daß Anrisse auftraten.

Bei den Proben aus Platte Nr. 12 und 42 (Werkstoff H II, Dorndurchmesser 2 x s) brach jeweils eine über die Raupe gebogene Probe vor Erreichen des geforderten Biegewinkels auf Grund von Schlackeneinschlüssen in den oberen Lagen. Die hierfür entnommenen beiden Ersatzproben erreichten einen Biegewinkel von 180° ohne Anriß.

Der Faltversuch ergab beim Weiterbiegen von zwei Proben auf den Schenkelabstand von 1 x s bei der letztgenannten Werkstoffqualität Kantenrisse infolge von örtlichen Einbrandkerben, während alle übrigen Proben beim Biegeversuch keine Fehler erkennen ließen.

Tabelle 7

Ergebnisse der Faltversuche

Schweißraupen bis auf Blechdicke abgearbeitet

Probe-Platte	Probe-Nummer	Gezog. Seite	Erreicht. Faltw. Grad	Dehnung (1=20 mm) %	Weitergef. bis Schenkelabst. mm	Befund und Bemerkungen
H I Dorndurchmesser 1 x s							
24 (25 mm)	15	Raupe	180	40	12,5	Ohne Anriß
	16	Wurzel	180	50	12,5	desgl.
	19	Raupe	180	45	12,5	"
	20	Wurzel	180	50	12,5	"
32 (20 mm)	27	Raupe	180	50	10	"
	28	Wurzel	180	45	10	Poren-Aufwt. Übergang
	31	Raupe	180	45	10	Poren-Aufbr.
	32	Wurzel	180	50	10	Ohne Anriß
H II Dorndurchmesser 2 x s							
12 (20 mm)	3	Wurzel	180	60	20	Ohne Anriß
	4	Raupe	50	-	-	Anriß v.Decklg.Schlackeneinschn.
	7	Wurzel	180	55	20	Ohne Anriß
	8	Raupe	180	50	20	desgl.
	4E1	Raupe	180	55	20	desgl.
	4E2	Raupe	180	55	20	desgl.
42 (25 mm)	39	Wurzel	180	52	25	desgl.
	40	Raupe	100	-	-	Anriß v. Schlackenzei. unterh.Decklage
	42	Wurzel	180	45	25	Ohne Anriß
	44	Raupe	180	52	25	desgl.
	40E1	Raupe	180	50	25	Kl.Kantenanriß v.Einbr. Kerbe
	40E2	Raupe	180	42	25	desgl.

Forschungsberichte des Wirtschafts- und Verkehrsministeriums Nordrhein-Westfalen

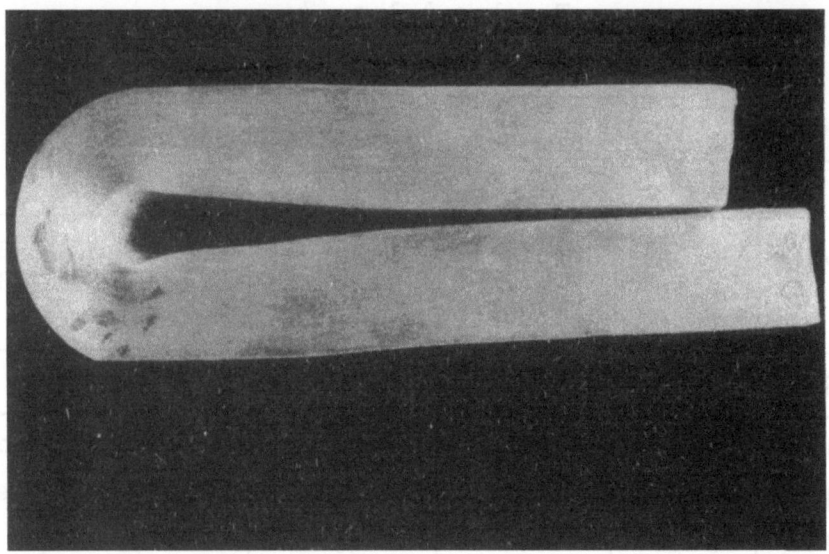

A b b i l d u n g 32
Biegeprobe aus der Platte 32 (über Raupe gebogen)

Die Proben erfüllten demzufolge die Anforderung, die an Schweißnähte mit einem Bewertungsfaktor o,9 (o,1) gestellt werden.

9.6 Kerbschlagversuche

Die Ergebnisse der aus den Schweißnähten entnommenen Proben beim Kerbschlagversuch sind in Tabelle 8 zusammengestellt. Mit Ausnahme einer Probe, die eine kleine Fehlstelle aufwies, wurden auch hier die für höher bewertete Schweißnähte gestellten Anforderungen erfüllt.

9.7 Gefügeuntersuchungen

9.71 Grobgefüge

In den Abbildungen 33 und 34 sind die Makroaufnahmen von je einem Schliff der Platten 24 und 32 wiedergegeben. Die Aufnahmen zeigen das kennzeichnende Aussehen ungeglühter Schweißnähte. Fehlstellen sind nicht vorhanden. Die aus den übrigen Platten entnommenen Gefügeschliffe hatten ein ähnliches Aussehen, so daß auf eine Wiedergabe der Abbildungen verzichtet werden kann (Ätzung zu Abb. 33 und 34: Kupferammoniumchlorid).

9.72 Feingefüge

Als Ätzmittel wurde bei allen Schliffen alkoholische Salpetersäure verwendet.

Forschungsberichte des Wirtschafts- und Verkehrsministeriums Nordrhein-Westfalen

Tabelle 8

Ergebnisse der Kerbschlagversuche

Probenform: DVMR-Proben; Prüftemperatur ca. 20 °C

Bohrung in Schweißmitte, parallel zur Oberfläche

Platte Nr.	Proben Nr.	Kerbschlagzähigkeit mkg/cm^2	Mittelwerte mkg/cm^2	Bruchgefüge u. Bemerkungen
H I Anforderung: 8 für höherbewertete Schweißnähte				
24	14	13,5		Mischbruch
	18	7,5	11,3	" kl.Fehlstelle
	22	12,4		"
32	26	13,8		"
	30	11,4	12,1	"
	34	11,1		"
H II Anforderung: 7 für höherbewertete Schweißnähte				
12	2	9,6		Mischbruch
	6	10,1	9,8	"
	10	9,7		"
42	38	9,2		"
	42	11,1	10,7	"
	46	11,8		"

Die Abbildungen 35 und 36 geben das Gefüge der Grundwerkstoffe in 200-facher Vergrößerung wieder. Platte 32 zeigt ein ferritisch-perlitisches Gefüge in zeilenförmiger Anordnung mit dazwischenliegenden Verunreinigungen. Bei Platte 24 ist der entsprechend dem niedrigen Kohlenstoffgehalt schwächer vertretene Perlit nicht zeilenförmig ausgebildet.

Das Übergangsgefüge zwischen Grundwerkstoff und Schweiße der Platte 32 weist in der Raupen- und Wurzeldecklage deutliche Überhitzungsstruktur auf (Abb. 37). In der Schweißmitte ist das Übergangsgefüge feinkörnig und kaum erkennbar (Abb. 39). Das in der Schweißmitte feinkörnige Gefüge

 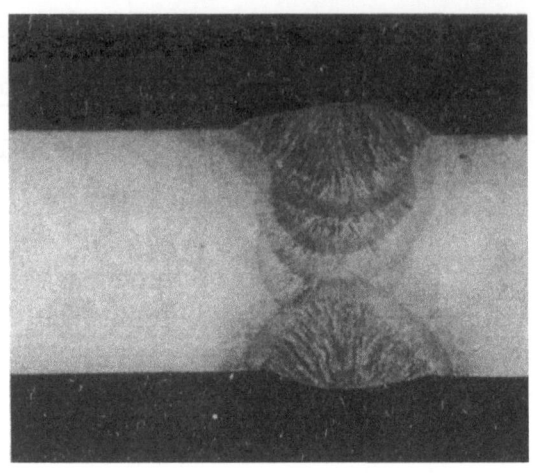

Abbildung 33
etwa nat. Größe, Makroschliff der
Schweiße (Platte 32, Werkstoff HI)

Abbildung 34
etwa nat. Größe, Makroschliff der
Schweißung (Platte 32, Werkstoff HI)

der Schweiße (Abb. 40) zeigt keine Besonderheiten. In der Decklage (Abb. 38) läßt die Schweiße die für ungeglühte Schweißnähte übliche Stengelstruktur erkennen. Fehlstellen waren nicht vorhanden.

Das Grundgefüge der Platten 12 und 42 weist gleiche Unterschiede auf, wie diese bei Platte 24 und 32 vorliegen. In Platte 12 liegt ein zeilenförmiges, ferritisch-perlitisches Gefüge vor, das Reste von Ferrithöfen und Überhitzung erkennen läßt. Das Blech liegt demnach nicht im optimalen Glühzustand vor.

Bei Platte 42 ist das nicht zeilenförmig vorliegende, ferritisch-perlitische Gefüge grobkörniger und zeigt ebenfalls örtlich Reste von Überhitzungsstrukturen.

Für die Übergangs- und Schweißgefüge der Platte 12 gelten die gleichen Ausführungen wie für die Platte 32.

Die Gefügebilder der Platten 24 und 42 zeigten gegenüber den vorhergehend wiedergegebenen Gefügebildern der Platten 24 und 32 keine Abweichungen, so daß auf die Wiedergabe und Erläuterung verzichtet werden kann.

9.8 Härteprüfungen

An einem der Gefügeschliffe von Platte 32 wurde die Vickers-Härte (Prüflast =20 kg) ermittelt. Die einzelnen Eindrücke wurden im Abstand von 2 bzw. 3 mm in waagerechter Richtung über den Schweißnahtquerschnitt verteilt. In gleicher Weise wurden Raupen- und Wurzeldecklage sowie die Schweißmitte geprüft.

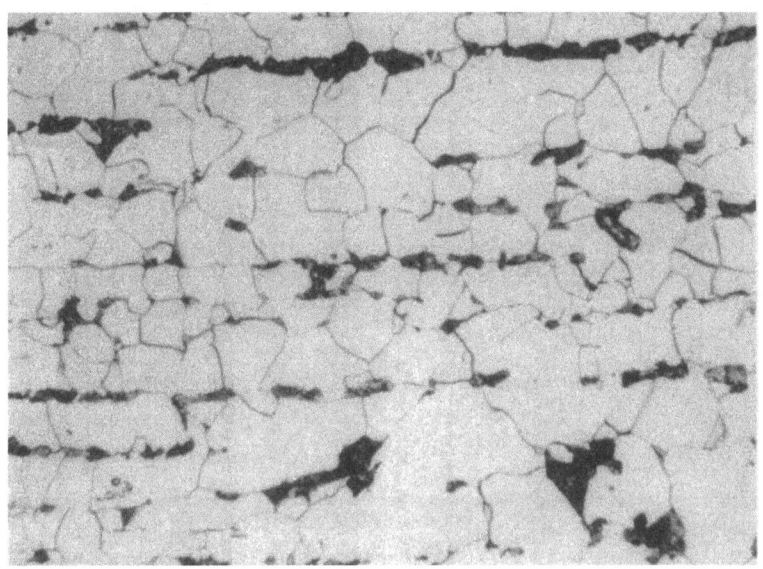

Abbildung 35

V = 2oo x
Platte 32
Grundwerkstoff

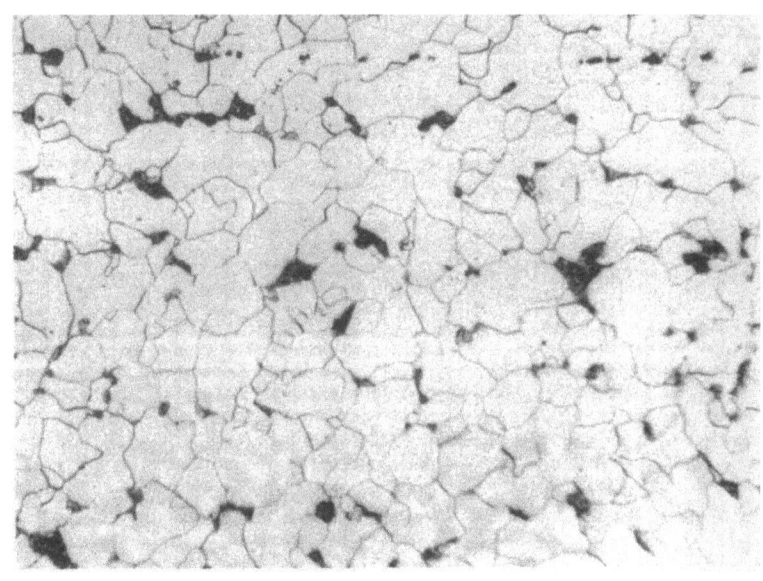

Abbildung 36

V = 2oo x
Platte 24
Grundwerkstoff

Die dabei gefundenen Werte zeigen einen gleichmäßigen Härteverlauf über den gesamten Nahtquerschnitt, ohne daß größere Spitzen auftreten. Nach

Forschungsberichte des Wirtschafts- und Verkehrsministeriums Nordrhein-Westfalen

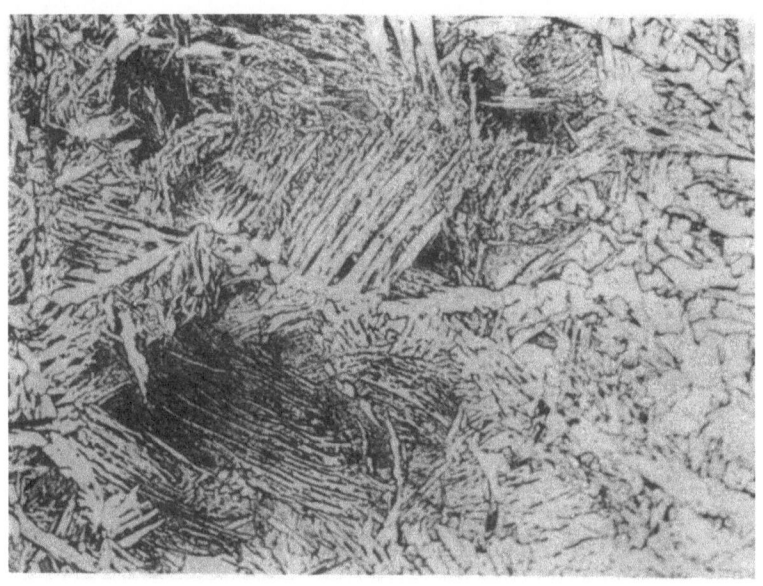

Abbildung 37
V = 2oo x
Platte 32
Übergang zur Raupen-Wurzellage

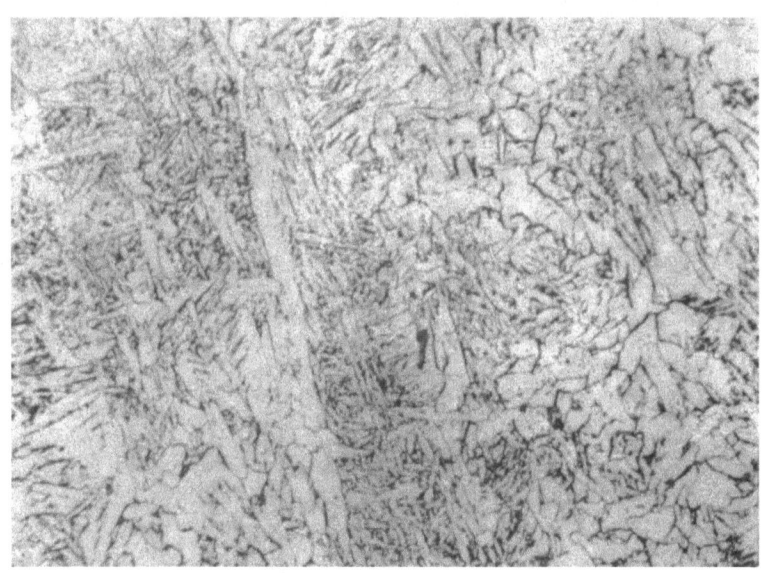

Abbildung 38
V = 2oo x
Platte 32
Schweiße der Raupen- und Wurzellage

Umrechnung der Vickers-Einheiten mit dem Faktor o,36 ergeben sich nachstehende maximale Festigkeitswerte:

Forschungsberichte des Wirtschafts- und Verkehrsministeriums Nordrhein-Westfalen

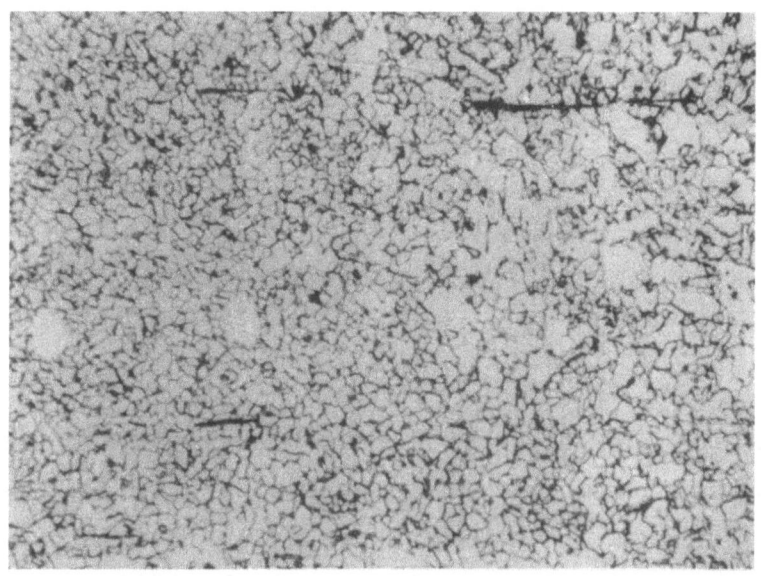

Abbildung 39

V = 2oo x
Platte 32
Übergang zur Schweißmitte

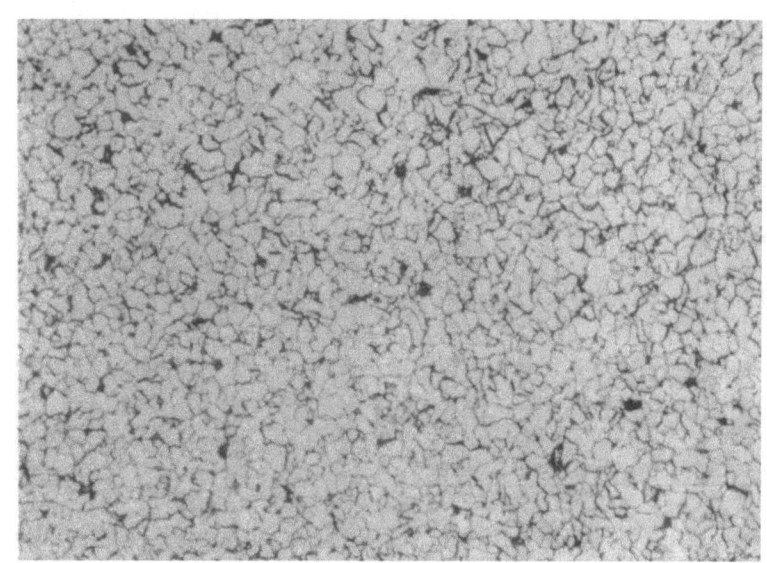

Abbildung 4o

V = 2oo x
Platte 32
Schweiße in der Schweißmitte

Grundwerkstoff   unbeeinflußt   49 kg/mm^2
"   "   beeinflußt   51 kg/mm^2

Forschungsberichte des Wirtschafts- und Verkehrsministeriums Nordrhein-Westfalen

        Übergang   Decklage   54 kg/mm^2
            "   Schweißmitte 51 kg/mm^2
            "   Wurzellage   55 kg/mm^2
        Schweißgut Decklage   54 kg/mm^2
            "   Schweißmitte 53 kg/mm^2
            "   Wurzellage   57 kg/mm^2

Die Festigkeitssteigerung im Übergangsgebiet der Wurzellage um etwa 13 % und in der Schweißmitte um etwa 17 % ist nach dem Ergebnis der erzielten Biegewerte ohne wesentliche Bedeutung.

Bei den an Platte 42 (Werkstoff H II) durchgeführten Härtemessungen zeigte sich in der grobkörnig gewordenen Übergangszone zur Decklage hin eine Festigkeitssteigerung um 28 %. Diese Zunahme der Festigkeit ist als unbedenklich anzusehen, wie dies die Biegewerte bestätigen.

Die umgerechneten maximalen Festigkeitswerte der Platte 42 sind:

        Grundwerkstoff unbeeinflußt 50 kg/mm^2
            "   "   beeinflußt   60 kg/mm^2
        Übergang   Decklage   64 kg/mm^2
            "   Schweißmitte 60 kg/mm^2
        Schweißgut   Decklage   57 kg/mm^2
            "   Schweißmitte 54 kg/mm^2

9.9 Schweißgutuntersuchung

Bei der geschweißten Probeplatte 42 ergab die Analyse des Schweißgutes nachstehende Werte:

    C 0,07 %; Si 0,30 %; Mn 0,66 %; P 0,019 %; S 0,029 %; N_2 0,013 %

Die gefundenen Analysenwerte geben zu keinen Bedenken hinsichtlich der Eigenschaften des Schweißgutes Anlaß.

10. Zusammenfassung und Beurteilung

Auf Grund der vorstehenden Untersuchungen kann zusammenfassend über das BBC-Schweißverfahren (Schweißen mit Blankdraht unter Zugabe von ferromagnetischem Schweißpulver) gesagt werden:

Das BBC-Verfahren bietet hinsichtlich der Durchführung von Schweißarbeiten keine Schwierigkeiten. Die Steuerung des BBC-Uni-Schweißautomaten arbeitet fast trägheitslos und garantiert eine exakte Einhaltung der eingestellten Schweißbedingungen. Blechstärken bis 15 mm sind mit dem Automaten ohne Nahtvorbereitung gut zu schweißen. Bei stärkeren Blechen wird zweckmäßig die Mehrlagenschweißung durchgeführt.

Forschungsberichte des Wirtschafts- und Verkehrsministeriums Nordrhein Westfalen

Die Überprüfung des BBC-Schweißverfahrens zur Herstellung von Schmelzschweißverbindungen gemäß den Anforderungen der Werkstoff- und Bauvorschriften für Land- und Schiffdampfkessel sowie gemäß den Richtlinien für Schweissungen im Druckbehälterbau (AD-Merkblatt H1) ergab folgende Ergebnisse:

Die Röntgenfilme zeigten keine größeren Schweißfehler, die zu Beanstandungen Anlaß geben könnten. Gefügeuntersuchungen und Härteprüfungen führten zu Werten, die die Anwendung des Verfahrens für Schweißarbeiten gemäß den vorgenannten Vorschriften ohne Bedenken gestatten, wenn auch im Übergang zwischen Grundwerkstoff und Schweiße bei den Decklagen der Raupen- und Wurzelseite örtliche Überhitzungszonen mit einer erhöhten Festigkeit (64 kg/mm^2) festgestellt wurden.

Zerreißversuche an reinem Schweißgut im ungeglühten Zustand ergaben bei einwandfreien Zugfestigkeits- und Dehnwerten ein verhältnismäßig hohes Streckgrenzenverhältnis von 0,88; im normal geglühten Zustand entsprachen die Werte der Zugversuche ebenfalls den Anforderungen; das Streckgrenzenverhältnis sank hierbei auf den Wert 0,65 ab.

Die aus den ungeglühten Platten entnommenen Zerreiß-, Falt- und Kerbschlagproben entsprachen mit ihren Werten den Anforderungen der Werkstoff- und Bauvorschriften für Land- und Schiffsdampfkessel sowie Richtlinien für Schweißungen im Druckbehälterbau bei normaler Schweißnahtbewertung mit dem Faktor 0,8. Darüber hinaus wurden die Anforderungen erfüllt, die an höher bewertete Schweißnähte zu stellen sind, so daß unter Berücksichtigung der Forderung nach einem ungestörten kerbfreien Spannungsverlauf im Rahmen der Schweißvorschriften für Dampfkessel und Druckbehälter eine Bewertung mit dem Faktor 0,9 (1,0) möglich erscheint.

Abschließend sei darauf hingewiesen, daß dieses Verfahren in fertigungstechnischer Hinsicht infolge des offenen Lichtbogens gegenüber anderen Verfahren Vorteile aufweist.

Die in diesem Bericht behandelten Versuchsreihen wurden in den Jahren 1953 und 1954 durchgeführt.

Wir danken an dieser Stelle Herrn Dipl.-Ing. Herbert RUPPE für seine Mithilfe bei der Durchführung der Versuche.

Prof. Dr.-Ing. habil K. KREKELER, Aachen
Dipl.-Ing. H. VERHOEVEN, Aachen

11. Literaturverzeichnis

(1) ERDMANN-JESNITZER, F. Werkstoff und Schweißung. Akademie-Verlag Berlin 1951

(2) FAST, J.D. Die Rolle von O_2 und N_2 bei der Lichtbogenschweißung. Z. Philips-Techn.Rundschau 1948/49 S. 27 ff

(3) HOFFMANN, W. Über die Sauerstoff- und Stickstoffaufnahme beim Schweißen. Z. Elektroschweißung 1935 S. 151 ff

(4) KOCHER, H. Der Lichtbogenschweißautomat. Z. Brown-Boveri-Mitteilungen 1950, S. 235 ff

(5) KREKELER, K. Das Schweißen im Schiffbau. Verlag W. Girardet, Essen

(6) LOSANA Elektrodendurchmesser und O_2- und N_2-Aufnahme im Schweißbad. Z. Metallurgie Italiana 1937, S. 391 ff

(7) MANTEL, W. und L. WOLFF Neuere Einrichtungen und Erkenntnisse auf dem Gebiete der Elliraschweißung. Z. Schweißen und Schneiden 1953, S. 339 ff

(8) MÜLLER, E.H. Einfluß des Wasserstoffes in Schweißungen mit Mantelelektroden. Z. Elektroschweißung Jahrg. 13 (1942) S. 38 ff

(9) SARMACAN, A. Die automatische Lichtbogenschweißung in der Industrie. Z. Brown-Boveri-Mitteilungen 1950 S. 248 ff

(10) SKETTON, H.J. Automatic Arc Welding in Industry

(11) TANNHEIM, H. Schweißversuche am M II Kesselblech zum Nachweis der Eignung des Ellira-Verfahrens. Z. Elektroschweißung 1942, S. 169 ff

(12) TRUNSCHITZ, V. Vereinheitlichung der Arbeitsbedingungen für Nahtformen bei der automatischen Lichtbogen-Schweißung von Nahtdraht. Z. Elektroschweißung 1944, S. 57 ff

(13) ZEYEN, K.L.   Neue Erkenntnisse und Entwicklungen beim
                   Schweißen von Eisenwerkstoffen. C. Hanser-
                   Verlag, München 1949

FORSCHUNGSBERICHTE DES WIRTSCHAFTS- UND VERKEHRSMINISTERIUMS NORDRHEIN-WESTFALEN

Herausgegeben von Staatssekretär Prof. Leo Brandt

HEFT 1
Prof. Dr.-Ing. E. Flegler, Aachen
Untersuchungen oxydischer Ferromagnet-Werkstoffe
1952, 20 Seiten, DM 6,75

HEFT 2
Prof. Dr. W. Fuchs, Aachen
Untersuchungen über absatzfreie Teeröle
1952, 32 Seiten, 5 Abb., 6 Tabellen, DM 10,—

HEFT 3
Techn.-Wissenschaftl. Büro für die Bastfaserindustrie, Bielefeld
Untersuchungsarbeiten zur Verbesserung des Leinenwebstuhls
1952, 44 Seiten, 7 Abb., 3 Tabellen, DM 12,50

HEFT 4
Prof. Dr. E. A. Müller und Dipl.-Ing. H. Spitzer, Dortmund
Untersuchungen über die Hitzebelastung in Hüttebetrieben
1952, 28 Seiten, 5 Abb., 1 Tabelle, DM 9,—

HEFT 5
Dipl.-Ing. W. Fister, Aachen
Prüfstand der Turbinenuntersuchungen
1952, 40 Seiten, 30 Abb., 3 Schaltbilder, DM 1,—

HEFT 6
Prof. Dr. W. Fuchs, Aachen
Untersuchungen über die Zusammensetzung und Verwendbarkeit von Schwelteerfraktionen
1952, 36 Seiten, DM 10.50

HEFT 7
Prof. Dr. W. Fuchs, Aachen
Untersuchungen über emsländisches Petrolatum
1952, 36 Seiten, 1 Abb., 17 Tabellen, DM 10,50

HEFT 8
M. E. Meffert und H. Stratmann, Essen
Algen-Großkulturen im Sommer 1951
1953, 52 Seiten, 4 Abb., 20 Tabellen, DM 9,75

HEFT 9
Techn.-Wissenschaftl. Büro für die Bastfaserindustrie, Bielefeld
Untersuchungen über die zweckmäßige Wicklungsart von Leinengarnkreuzspulen unter Berücksichtigung der Anwendung hoher Geschwindigkeiten des Garnes
Vorversuche für Zettel und Schären von Leinengarnen auf Hochleistungsmaschinen
1952, 48 Seiten, 7 Abb., 7 Tabellen, DM 9,25

HEFT 10
Prof. Dr. W. Vogel, Köln
„Das Streifenpaar" als neues System zur mechanischen Vergrößerung kleiner Verschiebungen und seine technischen Anwendungsmöglichkeiten
1953, 20 Seiten, 6 Abb., DM 4,50

HEFT 11
Laboratorium für Werkzeugmaschinen und Betriebslehre, Technische Hochschule Aachen
1. Untersuchungen über Metallbearbeitung im Fräsvorgang mit Hartmetallwerkzeugen und negativem Spanwinkel
2. Weiterentwicklung des Schleifverfahrens für die Herstellung von Präzisionswerkstücken unter Vermeidung hoher Temperaturen
3. Untersuchung von Oberflächenveredlungsverfahren zur Steigerung der Belastbarkeit hochbeanspruchter Bauteile
1953, 80 Seiten, 61 Abb., DM 15,75

HEFT 12
Elektrowärme-Institut, Langenberg (Rhld.)
Induktive Erwärmung mit Netzfrequenz
1952, 22 Seiten 6 Abb., DM 5,20

HEFT 13
Techn.-Wissenschaftl. Büro für die Bastfaserindustrie, Bielefeld
Das Naßspinnen von Bastfasergarnen mit chemischen Zusätzen zum Spinnbad
1953, 52 Seiten, 4 Abb., 19 Tabellen, DM 10,—

HEFT 14
Forschungsstelle für Acetylen, Dortmund
Untersuchungen über Aceton als Lösungsmittel für Acetylen
1952, 64 Seiten, 10 Abb., 26 Tabellen, DM 12,25

HEFT 15
Wäschereiforschung Krefeld
Trocknen von Wäschestoffen
1953, 48 Seiten, 14 Abb., 2 Tabellen, DM 9,—

HEFT 16
Max-Planck-Institut für Kohlenforschung, Mülheim a. d. Ruhr
Arbeiten des MPI für Kohlenforschung
1953, 104 Seiten, 9 Abb., DM 17,80

HEFT 17
Ingenieurbüro Herbert Stein, M.-Gladbach
Untersuchungen der Verzugsvorgänge in den Streckwerken verschiedener Spinnereimaschinen. 1. Bericht: Vergleichende Prüfung mit verschiedenen Dickenmeßgeräten
1952, 36 Seiten, 15 Abb., DM 8,—

HEFT 18
Wäschereiforschung Krefeld
Grundlagen zur Erfassung der chemischen Schädigung beim Waschen
1953, 68 Seiten, 15 Abb., 15 Tabellen, DM 12,75

HEFT 19
Techn.-Wissenschaftl. Büro für die Bastfaserindustrie, Bielefeld
Die Auswirkung des Schlichtens von Leinengarnketten auf den Verarbeitungswirkungsgrad, sowie die Festigkeit und Dehnungsverhältnisse der Garne und Gewebe
1953, 48 Seiten, 1 Abb., 9 Tabellen, DM 9,—

HEFT 20
Techn.-Wissenschaftl. Büro für die Bastfaserindustrie, Bielefeld
Trocknung von Leinengarnen I
Vorgang und Einwirkung auf die Garnqualität
1953, 62 Seiten, 18 Abb., 5 Tabellen, DM 12,—

HEFT 21
Techn.-Wissenschaftl. Büro für die Bastfaserindustrie, Bielefeld
Trocknung von Leinengarnen II
Spulenanordnung und Luftführung beim Trocknen von Kreuzspulen
1953, 66 Seiten, 22 Abb., 9 Tabellen, DM 13,—

HEFT 22
Techn.-Wissenschaftl. Büro für die Bastfaserindustrie, Bielefeld
Die Reparaturanfälligkeit von Webstühlen
1953, 28 Seiten, 7 Abb., 5 Tabellen, DM 5,80

HEFT 23
Institut für Starkstromtechnik, Aachen
Rechnerische und experimentelle Untersuchungen zur Kenntnis der Metadyne als Umformer von konstanter Spannung auf konstanten Strom
1953, 52 Seiten, 20 Abb., 4 Tafeln, DM 9,75

HEFT 24
Institut für Starkstromtechnik, Aachen
Vergleich verschiedener Generator-Metadyne-Schaltungen in bezug auf statisches Verhalten
1952, 44 Seiten, 23 Abb., DM 8,50

HEFT 25
Gesellschaft für Kohlentechnik mbH., Dortmund-Eving
Struktur der Steinkohlen und Steinkohlen-Kokse
1953, 58 Seiten, DM 11,—

HEFT 26
Techn.-Wissenschaftl. Büro für die Bastfaserindustrie, Bielefeld
Vergleichende Untersuchungen zweier neuzeitlicher Ungleichmäßigkeitsprüfer für Bänder und Garne hinsichtlich ihrer Eignung für die Bastfaserspinnerei
1953, 64 Seiten, 30 Abb., DM 12,50

HEFT 27
Prof. Dr. E. Schratz, Münster
Untersuchungen zur Rentabilität des Arzneipflanzenanbaues Römische Kamille, Anthemis nobilis L.
1953, 16 Seiten, 1 Tabelle, DM 3,60

HEFT 28
Prof. Dr. E. Schratz, Münster
Calendula officinalis L. Studien zur Ernährung, Blütenfüllung und Rentabilität der Drogengewinnung
1953, 24 Seiten, 2 Abb., 3 Tabellen, DM 5,20

HEFT 29
Techn.-Wissenschaftl. Büro für die Bastfaserindustrie, Bielefeld
Die Ausnützung der Leinengarne in Geweben
1953, 100 Seiten, 14 Abb., 10 Tabellen, DM 17,80

HEFT 30
Gesellschaft für Kohlentechnik mbH., Dortmund-Eving
Kombinierte Entaschung und Verschwelung von Steinkohle; Aufarbeitung von Steinkohlenschlämmen zu verkokbarer oder verschwelbarer Kohle
1953, 56 Seiten, 16 Abb., 10 Tabellen, DM 10,50

HEFT 31
Dipl.-Ing. A. Stormanns, Essen
Messung des Leistungsbedarfs von Doppelsteg-Kettenförderern
1954, 54 Seiten, 18 Abb., 3 Anlagen, DM 11,—

HEFT 32
Techn.-Wissenschaftl. Büro für die Bastfaserindustrie, Bielefeld
Der Einfluß der Natriumchloridbleiche auf Qualität und Verwebbarkeit von Leinengarnen und die Eigenschaften der Leinengewebe unter besonderer Berücksichtigung des Einsatzes von Schützen- und Spulenwechselautomaten in der Leinenweberei
1953, 64 Seiten, 2 Abb., 12 Tabellen, DM 11,50

HEFT 33
Kohlenstoffbiologische Forschungsstation e. V.
Eine Methode zur Bestimmung von Schwefeldioxyd und Schwefelwasserstoff in Rauchgasen und in der Atmosphäre
1953, 32 Seiten, 8 Abb., 3 Tabellen, DM 6.50

HEFT 34
Textilforschungsanstalt Krefeld
Quellungs- und Entquellungsvorgänge bei Faserstoffen
1953, 52 Seiten, 13 Abb., 13 Tabellen, DM 9,80

SPRINGER FACHMEDIEN WIESBADEN GMBH

HEFT 35
Professor Dr. W. Kast, Krefeld
Feinstrukturuntersuchungen an künstlichen Zellulosefasern verschiedener Herstellungsverfahren.
Teil I: Der Orientierungszustand
1953, 74 Seiten, 30 Abb., 7 Tabellen, DM 13,80

HEFT 36
Forschungsinstitut der feuerfesten Industrie, Bonn
Untersuchungen über die Trocknung von Rohton
Untersuchungen über die chemische Reinigung von Silika- und Schamotte-Rohstoffen mit chlorhaltigen Gasen
1953, 60 Seiten, 5 Abb., 5 Tabellen, DM 11,—

HEFT 37
Forschungsinstitut der feuerfesten Industrie, Bonn
Untersuchungen über den Einfluß der Probenvorbereitung auf die Kaltdruckfestigkeit feuerfester Steine
1953, 40 Seiten, 2 Abb., 5 Tabellen, DM 7,80

HEFT 38
Forschungsstelle für Acetylen, Dortmund
Untersuchungen über die Trocknung von Acetylen zur Herstellung von Dissousgas
1953, 36 Seiten, 11 Abb., 3 Tabellen, DM 6,80

HEFT 39
Forschungsgesellschaft Blechverarbeitung e. V., Düsseldorf
Untersuchungen an prägegemusterten und vorgelochten Blechen
1953, 46 Seiten, 34 Abb., DM 9,50

HEFT 40
Landesgeologe Dr.-Ing. W. Wolff, Amt für Bodenforschung, Krefeld
Untersuchungen über die Anwendbarkeit geophysikalischer Verfahren zur Untersuchung von Spateisengängen im Siegerland
1953, 46 Seiten, 8 Abb., DM 8,80

HEFT 41
Techn.-Wissenschaftl. Büro für die Bastfaserindustrie, Bielefeld
Untersuchungsarbeiten zur Verbesserung des Leinenwebstuhles II
1953, 40 Seiten, 4 Abb., 5 Tabellen, DM 7,80

HEFT 42
Professor Dr. B. Helferich, Bonn
Untersuchungen über Wirkstoffe — Fermente — in der Kartoffel und die Möglichkeit ihrer Verwendung
1953, 58 Seiten, 9 Abb., DM 11,—

HEFT 43
Forschungsgesellschaft Blechverarbeitung e. V., Düsseldorf
Forschungsergebnisse über das Beizen von Blechen
1953, 48 Seiten, 38 Abb., 2 Tabellen, DM 11,30

HEFT 44
Arbeitsgemeinschaft für praktische Dehnungsmessung, Düsseldorf
Eigenschaften und Anwendungen von Dehnungsmeßstreifen
1953, 68 Seiten, 43 Abb., 2 Tabellen, DM 13,70

HEFT 45
Losenhausenwerk Düsseldorfer Maschinenbau AG., Düsseldorf
Untersuchungen von störenden Einflüssen auf die Lastgrenzenanzeige von Dauerschwingprüfmaschinen
1953, 36 Seiten, 11 Abb., 3 Tabellen, DM 7,25

HEFT 46
Prof. Dr. W. Fuchs, Aachen
Untersuchungen über die Aufbereitung von Wasser für die Dampferzeugung in Benson-Kesseln
1953, 58 Seiten, 18 Abb., 9 Tabellen, DM 11,20

HEFT 47
Prof. Dr.-Ing. K. Krekeler, Aachen
Versuche über die Anwendung der induktiven Erwärmung zum Sintern von hochschmelzenden Metallen sowie zur Anlegierung und Vergütung von aufgespritzten Metallschichten mit dem Grundwerkstoff
1954, 66 Seiten, 39 Abb., DM 13,90

HEFT 48
Max-Planck-Institut für Eisenforschung, Düsseldorf
Spektrochemische Analyse der Gefügebestandteile in Stählen nach ihrer Isolierung
1953, 38 Seiten, 8 Abb., 5 Tabellen, DM 7,80

HEFT 49
Max-Planck-Institut für Eisenforschung, Düsseldorf
Untersuchungen über Ablauf der Desoxydation und die Bildung von Einschlüssen in Stählen
1953, 52 Seiten, 19 Abb., 3 Tabellen, DM 12,40

HEFT 50
Max-Planck-Institut für Eisenforschung, Düsseldorf
Flammenspektralanalytische Untersuchung der Ferritzusammensetzung in Stählen
1953, 44 Seiten, 15 Abb., 4 Tabellen, DM 8,60

HEFT 51
Verein zur Förderung von Forschungs- und Entwicklungsarbeiten in der Werkzeugindustrie e. V., Remscheid
Untersuchungen an Kreissägeblättern für Holz, Fehler- und Spannungsprüfverfahren
1953, 50 Seiten, 23 Abb., DM 10,—

HEFT 52
Forschungsstelle für Acetylen, Dortmund
Untersuchungen über den Umsatz bei der explosiblen Zersetzung von Azetylen
a) Zersetzung von gasförmigem Azetylen
b) Zersetzung von an Silikagel adsorbiertem Azetylen
1954, 48 Seiten, 8 Abb., 10 Tabellen, DM 9,25

HEFT 53
Professor Dr.-Ing. H. Opitz, Aachen
Reibwert und Verschleißmessungen an Kunststoffgleitführungen für Werkzeugmaschinen
1954, 38 Seiten, 18 Abb., DM 8,20

HEFT 54
Professor Dr.-Ing. F. A. F. Schmidt, Aachen
Schaffung von Grundlagen für die Erhöhung der spez. Leistung und Herabsetzung des spez. Brennstoffverbrauches bei Ottomotoren mit Teilbericht über Arbeiten an einem neuen Einspritzverfahren
1954, 34 Seiten, 15 Abb., DM 7,40

HEFT 55
Forschungsgesellschaft Blechverarbeitung e. V. Düsseldorf
Chemisches Glänzen von Messing und Neusilber
1954, 50 Seiten, 21 Abb., 1 Tabelle, DM 10,20

HEFT 56
Forschungsgesellschaft Blechverarbeitung e. V., Düsseldorf
Untersuchungen über einige Probleme der Behandlung von Blechoberflächen
1954, 52 Seiten, 42 Abb., DM 11,20

HEFT 57
Prof. Dr.-Ing. F. A. F. Schmidt, Aachen
Untersuchungen zur Erforschung des Einflusses des chemischen Aufbaues des Kraftstoffes auf sein Verhalten im Motor und in Brennkammern von Gasturbinen
1954, 70 Seiten, 32 Abb., DM 14,60

HEFT 58
Gesellschaft für Kohlentechnik mbH., Dortmund
Herstellung und Untersuchung von Steinkohlenschwelteer
1954, 74 Seiten, 9 Abb., 9 Tabellen, DM 13,75

HEFT 59
Forschungsinstitut der Feuerfest-Industrie e. V., Bonn
Ein Schnellanalysenverfahren zur Bestimmung von Aluminiumoxyd, Eisenoxyd und Titanoxyd in feuerfestem Material mittels organischer Farbreagenzien auf photometrischem Wege
Untersuchungen des Alkali-Gehaltes feuerfester Stoffe mit dem Flammenphotometer nach Riehm-Lange
1954, 62 Seiten, 12 Abb., 3 Tabellen, DM 11,60

HEFT 60
Forschungsgesellschaft Blechverarbeitung e. V., Düsseldorf
Untersuchungen über das Spritzlackieren im elektrostatischen Hochspannungsfeld
1954, 82 Seiten, 53 Abb., 7 Tabellen, DM 17,—

HEFT 61
Verein zur Förderung von Forschungs- und Entwicklungsarbeiten in der Werkzeugindustrie e. V., Remscheid
Schwingungs- und Arbeitsverhalten von Kreissägeblättern für Holz
1954, 54 Seiten, 31 Abb., DM 11,40

HEFT 62
Professor Dr. W. Franz, Institut für theoretische Physik der Universität Münster
Berechnung des elektrischen Durchschlags durch feste und flüssige Isolatoren
1954, 36 Seiten, DM 7,—

HEFT 63
Textilforschungsanstalt Krefeld
Neue Methoden zur Untersuchung der Wirkungsweise von Textilhilfsmitteln
Untersuchungen über Schlichtungs- und Entschlichtungsvorgänge
1954, 34 Seiten, 1 Abb., 5 Tabellen, DM 6,80

HEFT 64
Textilforschungsanstalt Krefeld
Die Kettenlängenverteilung von hochpolymeren Faserstoffen
Über die fraktionierte Fällung von Polyamiden
1954, 44 Seiten, 13 Abb., DM 8,60

HEFT 65
Fachverband Schneidwarenindustrie, Solingen
Untersuchungen über das elektrolytische Polieren von Tafelmesserklingen aus rostfreiem Stahl
1954, 90 Seiten, 38 Abb., 9 Tabellen, DM 17,35

HEFT 66
Dr.-Ing. P. Füsgen VDI †, Düsseldorf
Untersuchungen über das Auftreten des Ratterns bei selbsthemmenden Schneckengetrieben und seine Verhütung
1954, 32 Seiten, 5 Abb., DM 6,60

HEFT 67
Heinrich Wösthoff o. H. G., Apparatebau, Bochum
Entwicklung einer chemisch-physikalischen Apparatur zur Bestimmung kleinster Kohlenoxyd-Konzentrationen
1954, 94 Seiten, 48 Abb., 2 Tabellen, DM 18,25

HEFT 68
Kohlenstoffbiologische Forschungsstation e. V., Essen
Algengroßkulturen im Sommer 1952
II. Über die unsterile Großkultur von Scenedesmus obliquus
1954, 62 Seiten, 3 Abb., 29 Tabellen, DM 11,40

HEFT 69
Wäschereiforschung Krefeld
Bestimmung des Faserabbaues bei Leinen unter besonderer Berücksichtigung der Leinengarnbleiche
1954, 48 Seiten, 15 Abb., 3 Tabellen, DM 9,60

HEFT 70
Wäschereiforschung Krefeld
Trocknen von Wäschestoffen
1954, 52 Seiten, 18 Abb., 3 Tabellen, DM 10,—

HEFT 71
Prof. Dr.-Ing. K. Leist, Aachen
Kleingasturbinen, insbesondere zum Fahrzeugantrieb
1954, 114 Seiten, 85 Abb., DM 22,—

HEFT 72
Prof. Dr.-Ing. K. Leist, Aachen
Beitrag zur Untersuchung von stehenden geraden Turbinengittern mit Hilfe von Druckverteilungsmessungen
1954, 152 Seiten, 111 Abb., DM 36,20

HEFT 73
Prof. Dr.-Ing. K. Leist, Aachen
Spannungsoptische Untersuchungen von Turbinenschaufelfüßen
1954, 66 Seiten, 46 Abb., 2 Tabellen, DM 14,60

HEFT 74
Max-Planck-Institut für Eisenforschung, Düsseldorf
Versuche zur Klärung des Umwandlungsverhaltens eines sonderkarbidbildenden Chromstahls
1954, 58 Seiten, 10 Abb., DM 14,—

HEFT 75
Max-Planck-Institut für Eisenforschung, Düsseldorf
Zeit-Temperatur-Umwandlungs-Schaubilder als Grundlage der Wärmebehandlung der Stähle
1954, 44 Seiten, 13 Abb., DM 8,70

HEFT 76
Max-Planck-Institut für Arbeitsphysiologie, Dortmund
Arbeitstechnische und arbeitsphysiologische Rationalisierung von Mauersteinen
1954, 52 Seiten, 12 Abb., 3 Tabellen, DM 10,20

HEFT 77
Meteor Apparatebau Paul Schmeck GmbH., Siegen
Entwicklung von Leuchtstoffröhren hoher Leistung
1954, 46 Seiten, 12 Abb., 2 Tabellen, DM 9,15

HEFT 78
Forschungsstelle für Acetylen, Dortmund
Über die Zustandsgleichung des gasförmigen Acetylens und das Gleichgewicht Acetylen—Aceton
1954, 42 Seiten, 3 Abb., 8 Tabellen, DM 8,—

HEFT 79
Techn.-Wissenschaftl. Büro für die Bastfaserindustrie, Bielefeld
Trocknung von Leinengarnen III
Spinnspulen- und Spinnkopstrocknung
Vorgang und Einwirkung auf die Garnqualität
1954, 74 Seiten, 18 Abb., 10 Tabellen, DM 14,—

SPRINGER FACHMEDIEN WIESBADEN GMBH

HEFT 80
Techn.-Wissenschaftl. Büro für die Bastfaserindustrie, Bielefeld
Die Verarbeitung von Leinengarn auf Webstühlen mit und ohne Oberbau
1954, 30 Seiten, 2 Abb., 2 Tabellen, DM 6,—

HEFT 81
Prüf- und Forschungsinstitut für Ziegeleierzeugnisse, Essen-Kray
Die Einführung des großformatigen Einheits-Gitterziegels im Lande Nordrhein-Westfalen
1954, 54 Seiten, 2 Abb., 2 Tabellen, DM 10,—

HEFT 82
Vereinigte Aluminium-Werke AG., Bonn
Forschungsarbeiten auf dem Gebiet der Veredelung von Aluminium-Oberflächen
1954, 46 Seiten, 34 Abb., DM 9,60

HEFT 83
Prof. Dr. S. Strugger, Münster
Über die Struktur der Proplastiden
1954, 30 Seiten, 15 Abb., DM 8,40

HEFT 84
Dr. H. Baron, Düsseldorf
Über Standardisierung von Wundtextilien
1954, 32 Seiten, DM 6,40

HEFT 85
Textilforschungsanstalt Krefeld
Physikalische Untersuchungen an Fasern, Fäden, Garnen und Geweben:
Untersuchungen am Knickscheuergerät nach Weltzien
1954, 40 Seiten, 11 Abb., 8 Tabellen, DM 10,—

HEFT 86
Prof. Dr.-Ing. H. Opitz, Aachen
Untersuchungen über das Fräsen von Baustahl sowie über den Einfluß des Gefüges auf die Zerspanbarkeit
1954, 108 Seiten, 73 Abb., 7 Tabellen, DM 22,—

HEFT 87
Gemeinschaftsausschuß Verzinken, Düsseldorf
Untersuchungen über Güte von Verzinkungen
1954, 68 Seiten, 56 Abb., 3 Tabellen, DM 15,30

HEFT 88
Gesellschaft für Kohlentechnik mbH., Dortmund-Eving
Oxydation von Steinkohle mit Salpetersäure
1954, 62 Seiten, 2 Abb., 1 Tabelle, DM 11,50

HEFT 89
Verein Deutscher Ingenieure, Gleitlagerforschung, Düsseldorf
und Prof. Dr.-Ing. G. Vogelpohl, Göttingen
Versuche mit Preßstoff-Lagern für Walzwerke
1954, 70 Seiten, 34 Abb., DM 14,10

HEFT 90
Forschungs-Institut der Feuerfest-Industrie, Bonn
Das Verhalten von Silikasteinen im Siemens-Martin-Ofengewölbe
1954, 62 Seiten, 15 Abb., 11 Tabellen, DM 11,90

HEFT 91
Forschungs-Institut der Feuerfest-Industrie, Bonn
Untersuchungen des Zusammenhangs zwischen Leistung und Kohlenverbrauch von Kammeröfen zum Brennen von feuerfesten Materialien
1954, 42 Seiten, 6 Abb., DM 8,30

HEFT 92
Techn.-Wissenschaftl. Büro für die Bastfaserindustrie, Bielefeld
und Laboratorium für textile Meßtechnik, M.-Gladbach
Messungen von Vorgängen am Webstuhl
1954, 76 Seiten, 45 Abb., DM 15,50

HEFT 93
Prof. Dr. W. Kast, Krefeld
Spinnversuche zur Strukturerfassung künstlicher Zellulosefasern
1954, 82 Seiten, 39 Abb., 6 Tabellen, DM 16,—

HEFT 94
Prof. Dr. G. Winter, Bonn
Die Heilpflanzen des MATTHIOLUS (1611) gegen Infektionen der Harnwege und Verunreinigung der Wunden bzw. zur Förderung der Wundheilung im Lichte der Antibiotikaforschung
1954, 58 Seiten, 1 Abb., 2 Tabellen, DM 11,50

HEFT 95
Prof. Dr. G. Winter, Bonn
Untersuchungen über die flüchtigen Antibiotika aus der Kapuziner- (Tropaeolum maius) und Gartenkresse (Lepidium sativum) und ihr Verhalten im menschlichen Körper bei Aufnahme von Kapuziner- bzw. Gartenkressensalat per os
1955, 74 Seiten, 9 Abb., 25 Tabellen, DM 14,—

HEFT 96
Dr.-Ing. P. Koch, Dortmund
Austritt von Exoelektronen aus Metalloberflächen unter Berücksichtigung der Verwendung des Effektes für die Materialprüfung
1954, 34 Seiten, 13 Abb., DM 7,—

HEFT 97
Ing. H. Stein, Laboratorium für textile Meßtechnik, M.-Gladbach
Untersuchung der Verzugsvorgänge an den Streckwerken verschiedener Spinnereimaschinen
2. Bericht: Ermittlung der Haft-Gleiteigenschaften von Faserbändern und Vorgarnen
1955, 98 Seiten, 54 Abb., DM 21,—

HEFT 98
Fachverband Gesenkschmieden, Hagen
Die Arbeitsgenauigkeit beim Gesenkschmieden unter Hämmern
1955, 132 Seiten, 55 Abb., 9 Tabellen, DM 24,75

HEFT 99
Prof. Dr.-Ing. G. Garbotz, Aachen
Der Kraft- und Arbeitsaufwand sowie die Leistungen beim Biegen von Bewehrungsstählen in Abhängigkeit von den Abmessungen, den Formen und der Güte der Stähle (Ermittlung von Leistungsrichtlinien)
1955, 136 Seiten, 53 Abb., 3 Anlagen, 18 Tabellen, DM 30,—

HEFT 100
Prof. Dr.-Ing. H. Opitz, Aachen
Untersuchungen von elektrischen Antrieben, Steuerungen und Regelungen an Werkzeugmaschinen
1955, 166 Seiten, 71 Abb., 3 Tabellen, DM 31,30

HEFT 101
Prof. Dr.-Ing. H. Opitz, Aachen
Wirtschaftlichkeitsbetrachtungen beim Außenrundschleifen
1955, 100 Seiten, 56 Abb., 3 Tabellen, DM 19,30

HEFT 102
Dr. P. Hölemann, Ing. R. Hasselmann und Ing. G. Dix, Dortmund
Untersuchungen über die thermische Zündung von explosiblen Acetylenzersetzungen in Kapillaren
1954, 44 Seiten, 5 Abb., 4 Tabellen, DM 8,60

HEFT 103
Prof. Dr. W. Weizel, Bonn
Durchführung von experimentellen Untersuchungen über den zeitlichen Ablauf von Funken in komprimierten Edelgasen sowie zu deren mathematischen Berechnung
1955, 46 Seiten, 12 Abb., DM 9,10

HEFT 104
Prof. Dr. W. Weizel, Bonn
Über den Einfluß der Elektroden auf die Eigenschaften von Cadmium-Sulfid-Widerstands-Photozellen
1955, 48 Seiten, 12 Abb., DM 9,45

HEFT 105
Dr.-Ing. R. Meldau, Harsewinkel/Westf.
Auswertung von Gekörn — Analysen des Musterstaubes „Flugasche Fortuna I"
1955, 42 Seiten, 14 Abb., DM 8,50

HEFT 106
ORR. Dr.-Ing. W. Küch, Dortmund
Untersuchungen über die Einwirkung von feuchtigkeitsgesättigter Luft auf die Festigkeit von Leimverbindungen
1954, 60 Seiten, 10 Abb., 6 Tabellen, DM 11,40

HEFT 107
Prof. Dr. H. Lange und Dipl.-Phys. P. St. Pütter, Köln
Über die Konstruktion von Laboratoriumsmagneten
1955, 66 Seiten, 19 Abb., 1 Tabelle, DM 12,30

HEFT 108
Prof. Dr. W. Fuchs, Aachen
Untersuchungen über neue Beizmethoden und Beizabwässer
I. Die Entzunderung von Drähten mit Natriumhydrid
II. Die Aufbereitung von Beizabwässern
1955, 82 Seiten, 15 Abb., 14 Tabellen, 1 Falttafel, DM 15,25

HEFT 109
Dr. P. Hölemann und Ing. R. Hasselmann, Dortmund
Untersuchungen über die Löslichkeit von Azetylen in verschiedenen organischen Lösungsmitteln
1954, 42 Seiten, 10 Abb., 8 Tabellen, DM 8,30

HEFT 110
Dr. P. Hölemann und Ing. R. Hasselmann, Dortmund
Untersuchungen über den Druckverlauf bei der explosiblen Zersetzung von gasförmigem Azetylen
1955, 54 Seiten, 10 Abb., 5 Tabellen, DM 11,—

HEFT 111
Fachverband Steinzeugindustrie, Köln
Die Entwicklung eines Gerätes zur Beschickung seitlicher Feuer von Steinzeug-Einzelkammeröfen mit festen Brennstoffen
1955, 46 Seiten, 16 Abb., DM 9,40

HEFT 112
Prof. Dr.-Ing. H. Opitz, Aachen
Verschleißmessungen beim Drehen mit aktivierten Hartmetallwerkzeugen
1954, 44 Seiten, 17 Abb., 6 Tabellen, DM 8,80

HEFT 113
Prof. Dr. O. Graf, Dortmund
Erforschung der geistigen Ermüdung und nervösen Belastung: Studien über die vegetative 24-Stunden-Rhythmik in Ruhe und unter Belastung
1955, 40 Seiten, 12 Abb., DM 8,20

HEFT 114
Prof. Dr. O. Graf, Dortmund
Studien über Fließarbeitsprobleme an einer praxisnahen Experimentieranlage
1954, 34 Seiten, 6 Abb., DM 7,—

HEFT 115
Prof. Dr. O. Graf, Dortmund
Studium über Arbeitspausen in Betrieben bei freier und zeitgebundener Arbeit (Fließarbeit) und ihre Auswirkung auf die Leistungsfähigkeit
1955, 50 Seiten, 13 Abb., 2 Tabellen, DM 9,80

HEFT 116
Prof. Dr.-Ing. E. Siebel und Dr.-Ing. H. Weiss, Stuttgart
Untersuchungen an einigen Problemen des Tiefziehens — I. Teil
1955, 74 Seiten, 50 Abb., 5 Tabellen, DM 14,50

HEFT 117
Dr.-Ing. H. Beißwänger, Stuttgart, und Dr.-Ing. S. Schwandt, Trier
Untersuchungen an einigen Problemen des Tiefziehens — II. Teil
1955, 92 Seiten, 34 Abb., 8 Tabellen, DM 17,70

HEFT 118
Prof. Dr. E. A. Müller und Dr. H. G. Wenzel, Dortmund
Neuartige Klima-Anlage zur Erzeugung ungleicher Luft- und Strahlungstemperaturen in einem Versuchsraum
1955, 68 Seiten, 10 z. T. mehrfarb. Abb., DM 14,—

HEFT 119
Dr.-Ing. O. Viertel, Krefeld
Wäscherei- und energietechnische Untersuchung einer Gemeinschafts-Waschanlage
1955, 50 Seiten, 18 Abb., DM 10,20

HEFT 120
Dipl.-Ing. A. Weisbecker, Lüdenscheid
Über Anfressung an Reinstaluminium-Schweißnähten bei der elektrolytischen Oxydation
Gebr. Hörstermann GmbH., Velbert
Entwicklung und Erprobung eines neuartigen Gummibandförderers
1955, 46 Seiten, 18 Abb., DM 9,70

HEFT 121
Dr. H. Krebs, Bonn
I. Die Struktur und die Eigenschaften der Halbmetalle
II. Die Bestimmung der Atomverteilung in amorphen Substanzen
III. Die chemische Bindung in anorganischen Festkörpern und das Entstehen metallischer Eigenschaften
1955, 124 Seiten, 36 Abb., 13 Tabellen, DM 22,90

HEFT 122
Prof. Dr. W. Fuchs, Aachen
Untersuchungen zur Verbesserung der Wasseraufbereitung und Wasseranalyse:
Über die Schnellbewertung von Ionenaustauscher
1955, 62 Seiten, 32 Abb., DM 12,30

HEFT 123
Dipl.-Ing. J. Emondts, Aachen
Über Bodenverformungen bei stark gestörtem und mächtigem, wasserführendem Deckgebirge im Aachener Steinkohlengebiet
1955, 196 Seiten, 37 Abb., 10 Tabellen, DM 28,80

HEFT 124
Prof. Dr. R. Seyffert, Köln
Wege und Kosten der Distribution der Hausratwaren im Lande Nordrhein-Westfalen
1955, 74 Seiten, 25 Tabellen, DM 9,—

SPRINGER FACHMEDIEN WIESBADEN GMBH

HEFT 125
Prof. Dr. E. Kappler, Münster
Eine neue Methode zur Bestimmung von Kondensations-Koeffizienten von Wasser
1955, 46 Seiten, 11 Abb., 1 Tabelle, DM 9,10

HEFT 126
Prof. Dr.-Ing. J. Mathieu, Aachen
Arbeitszeitvergleich
Grundlagen, Methodik und praktische Durchführung
1955, 70 Seiten, DM 13,—

HEFT 127
Güteschutz Betonstein e. V.,
Arbeitskreis Nordrhein-Westfalen, Dortmund
Die Betonwaren-Gütesicherung im Lande Nordrhein-Westfalen
1955, 58 Seiten, 15 Abb., 3 Tabellen, DM 11,50

HEFT 128
Prof. Dr. O. Schmitz-DuMont, Bonn
Untersuchungen über Reaktionen in flüssigem Ammoniak
1955, 96 Seiten, 11 Abb., 6 Tabellen, DM 17,75

HEFT 129
Prof. Dr.-Ing. J. Mathieu und Dr. C. A. Roos, Aachen
Die Anlernung von Industriearbeitern
I. Ergebnisse einer grundsätzlichen Untersuchung der gegenwärtigen Industriearbeiter-Kurzanlernung
1955, 106 Seiten, DM 19,70

HEFT 130
Prof. Dr.-Ing. J. Mathieu und Dr. C. A. Roos, Aachen
Die Anlernung von Industriearbeitern
II. Beiträge zur Methodenfrage der Kurzanlernung
1955, 108 Seiten, DM 19,90

HEFT 131
Dr. W. Hoerburger, Köln
Versuche zur Biosynthese von Eiweiß aus Kohlenwasserstoff
1955, 34 Seiten, 2 Abb., DM 6,90

HEFT 132
Prof. Dr. W. Seith, Münster
Über Diffusionserscheinungen in festen Metallen
1955, 42 Seiten, 19 Abb., 4 Tabellen, DM 9,10

HEFT 133
Prof. Dr. E. Jenckel, Aachen
Über einen für Schwermetalle selektiven Ionenaustauscher
1955, 48 Seiten, 8 Abb., 13 Tabellen, DM 9,50

HEFT 134
Prof. Dr.-Ing. H. Winterhager, Aachen
Über die elektrochemischen Grundlagen der Schmelzfluß-Elektrolyse von Bleisulfid in geschmolzenen Mischungen mit Bleichlorid
1955, 54 Seiten, 20 Abb., 5 Tabellen, DM 11,80

HEFT 135
Prof. Dr.-Ing. K. Krekeler und Dr.-Ing. H. Peukert, Aachen
Die Änderung der mechanischen Eigenschaften thermoplastischer Kunststoffe durch Warmrecken
1955, 54 Seiten, 27 Abb., DM 11,10

HEFT 136
Dipl.-Phys. P. Pilz, Remscheid
Über spezielle Probleme der Zerkleinerungstechnik von Weichstoffen
1955, 58 Seiten, 19 Abb., 2 Tabellen, DM 11,50

HEFT 137
Prof. Dr. W. Baumeister, Münster
Beiträge zur Mineralstoffernährung der Pflanzen
1955, 64 Seiten, 6 Tabellen, DM 11,80

HEFT 138
Dr. P. Hölemann und Ing. R. Hasselmann, Dortmund
Untersuchungen über die Zersetzungswärme von gasförmigem und in Azeton gelöstem Azetylen
1955, 54 Seiten, 8 Abb., 7 Tabellen, DM 10,40

HEFT 139
Prof. Dr. W. Fuchs, Aachen
Studien über die thermische Zersetzung der Kohle und die Kohlendestillatprodukte
1955, 64 Seiten, 20 Abb., 22 Tabellen, DM 11,80

HEFT 140
Dr.-Ing. G. Hausberg, Essen
Modellversuche an Zyklonen
1955, 78 Seiten, 24 Abb., DM 15,70

HEFT 141
Dr. J. van Calker und Dr. R. Wienecke, Münster
Untersuchungen über den Einfluß dritter Analysenpartner auf die spektrochemische Analyse
1955, 42 Seiten, 15 Abb., DM 9,10

HEFT 142
Dipl.-Ing. G. M. F. Wiebel, Hannover, A. Konermann und A. Ottenheym, Sennelager
Entwicklung eines Kalksandleichtsteines
1955, 38 Seiten, 4 Abb., DM 8,—

HEFT 143
Prof. Dr. F. Wever, Dr. A. Rose und Dipl.-Ing. W. Straßburg, Düsseldorf
Härtbarkeit und Umwandlungsverhalten der Stähle
1955, 50 Seiten, 12 Abb., 3 Tabellen, DM 10,70

HEFT 144
Prof. Dr. H. Wurmbach, Bonn
Steuerung von Wachstum und Formbildung
1955, 48 Seiten, 19 Abb., DM 10,30

HEFT 145
Dr. G. Hennemann, Werdohl (Westf.)
Beitrag zur Interpretation der modernen Atomphysik
1955, 34 Seiten, DM 10,—

HEFT 146
Dr.-Ing. F. Gruß, Düsseldorf
Sterilisation mit Heißluft
1955, 34 Seiten, 10 Abb., DM 7,70

HEFT 147
Dr.-Ing. W. Rudisch, Unna
Untersuchung einer drehelastischen Elektromagnet-Synchronkupplung
1955, 82 Seiten, 65 Abb., DM 17,70

HEFT 148
Prof. Dr. H. Bittel u. Dipl.-Phys. L. Storm, Münster
Untersuchungen über Widerstandsrauschen
1955, 40 Seiten, 5 Abb., DM 8,40

HEFT 149
Dipl.-Ing. K. Konopicky und Dipl.-Chem. P. Kampa, Bonn
I. Beitrag zur flammenphotometrischen Bestimmung des Calciums.
Dr.-Ing. K. Konopicky, Bonn
II. Die Wanderung von Schlackenbestandteilen in feuerfesten Baustoffen
1955, 54 Seiten, 10 Abb., 5 Tabellen, DM 11,—

HEFT 150
Prof. Dr.-Ing. O. Kienzle und Dipl.-Ing. W. Timmerbeil, Hannover
Das Durchziehen enger Kragen an ebenen Fein- und Mittelblechen
1955, 52 Seiten, 20 Abb., 8 Tabellen, DM 11,30

HEFT 151
Dipl.-Ing. P. Karabasch, Aachen
Feststellung des optimalen Gasgehaltes von Bronzen zur Erzielung druckdichter Gußstücke
1956, 64 Seiten, 31 Abb., 5 Tabellen, DM 13,90

HEFT 152
Dipl.-Ing. G. Müller, Köln
Ermittlung der Laufeigenschaften (Vergießbarkeit) von Bronze und Rotguß mittels der Schneider-Gießspirale
1955, 60 Seiten, 33 Abb., DM 13,30

HEFT 153
Prof. Dr. F. Wever, Dr.-Ing. W. A. Fischer und Dipl.-Ing. J. Engelbrecht, Düsseldorf
I. Die Reduktion sauerstoffhaltiger Eisenschmelzen im Hochvakuum mit Wasserstoff und Kohlenstoff
II. Einfluß geringer Sauerstoffgehalte auf das Gefüge und Alterungsverhalten von Reineisen
1955, 54 Seiten, 15 Abb., 2 Tabellen, DM 12,40

HEFT 154
Prof. Dr.-Ing. P. Bardenheuer und Dr.-Ing. W. A. Fischer, Düsseldorf
Die Verschlackung von Titan aus Stahlschmelzen im sauren und basischen Hochfrequenzofen unter verschiedenen Schlacken
1955, 36 Seiten, 10 Abb., 1 Tabelle, DM 7,95

HEFT 155
Dipl.-Phys. K. H. Schirmer, München
Die auf Grau abgestimmte Farbwiedergabe im Dreifarbenbuchdruck
1955, 46 Seiten, 17 Abb., 2 Farbtafeln, DM 10,—

HEFT 156
Prof. Dr.-Ing. B. von Borries und Mitarbeiter, Düsseldorf
Die Entwicklung regelbarer permanentmagnetischer Elektronenlinsen hoher Brechkraft und eines mit ihnen ausgerüsteten Elektronenmikroskopes neuer Bauart
1956, 102 Seiten, 52 Abb., DM 22,55

HEFT 157
Dr. W. Jawtusch, Dr. G. Schuster und Prof. Dr.-Ing. R. Jaeckel, Bonn
Untersuchungen über die Stoßvorgänge zwischen neutralen Atomen und Molekülen
1955, 48 Seiten, 15 Abb., 3 Tabellen, DM 10,50

HEFT 158
Dipl.-Ing. W. Rosenkranz, Meinerzhagen
Ein Beitrag zum Problem der Spannungskorrosion bei Preßprofilen und Preßteilen aus Aluminium-Legierungen
1956, 112 Seiten, 61 Abb., 5 Tabellen, DM 27,40

HEFT 159
Dr.-Ing. O. Viertel und O. Oldenroth, Krefeld
Das Bleichen von Weißwäsche mit Wasserstoffsuperoxyd bzw. Natriumhypochlorit beim maschinellen Waschen
1955, 54 Seiten, 23 Abb., 2 Tabellen, DM 11,45

HEFT 160
Prof. Dr. W. Klemm, Münster
Über neue Sauerstoff- und Fluor-haltige Komplexe
1955, 50 Seiten, 13 Abb., 7 Tabellen, DM 10,80

HEFT 161
Prof. Dr. W. Weltzien und Dr. G. Hauschild, Krefeld
Über Silikone und ihre Anwendung in der Textilveredlung
1955, 162 Seiten, 22 Abb., 10 Tabellen, DM 27,—

HEFT 162
Prof. Dr. F. Wever, Prof. Dr. A. Kochendörfer und Dr.-Ing. Chr. Rohrbach, Düsseldorf
Kennzeichnung der Sprödbruchneigung von Stählen durch Messung der Fließspannung, Reißspannung und Brucheinschnürung an dreiachsig beanspruchten Proben
1955, 58 Seiten, 26 Abb., DM 13,—

HEFT 163
Dipl.-Ing. W. Rohs und Text.-Ing. H. Griese, Bielefeld
Untersuchungsarbeiten zur Verbesserung des Leinenwebstuhls III
1955, 80 Seiten, 15 Abb., 18 Tabellen, DM 15,80

HEFT 164
Dr.-Ing. H. Schmachtenberg, Köln
Neuartige Prüfeinrichtungen für Kraftfahrzeuge
1955, 44 Seiten, 23 Abb., DM 9,60

HEFT 165
Dr.-Ing. W. Wilhelm, Aachen
Instationäre Gasströmung im Auspuffsystem eines Zweitaktmotors
1955, 62 Seiten, 31 Abb., 8 Tabellen, DM 13,60

HEFT 166
Prof. Dr. M. v. Stackelberg, Dr. H. Heindze, Dr. H. Hübschke und Dr. K. H. Frangen, Bonn
Kolloidchemische Untersuchungen
1955, 106 Seiten, 8 Abb., 13 Tabellen, DM 21,25

HEFT 167
Prof. Dr.-Ing. F. Schuster, Essen
I. Über die Heißkarburierung von Brenngasen mit Ölen und Teeren
II. Die Strahlungsvorgänge in brennstoffbeheizten Öfen bei verschiedenen Verbrennungsatmosphären
1955, 38 Seiten, 8 Abb., DM 8,30

HEFT 168
Prof. Dr.-Ing. F. Schuster, Essen
I. Luftvorwärmung an Gasfeuerungen
II. Heizwerthöhe von Brenngasen und Wirkungsgrad sowie Gasverbrauch bei der Gasverwendung
III. Sauerstoffangereicherte Luft und feuerungstechnische Kenngrößen von Brenngasen
1955, 60 Seiten, 18 Abb., DM 12,50

HEFT 169
Forschungsinstitut für Pigmente und Lacke, Stuttgart
Arbeiten über die Bestimmung des Gebrauchswertes von Lackfilmen durch physikalische Prüfungen
1955, 70 Seiten, 23 Abb., 4 Tabellen, DM 15,—

HEFT 170
Prof. Dr. F. Wever, Dr. A. Rose und Dipl.-Ing. L. Rademacher, Düsseldorf
Anwendung der Umwandlungsschaubilder auf Fragen der Werkstoffauswahl beim Schweißen und Flammhärten
1955, 64 Seiten, 25 Abb., DM 13,70

SPRINGER FACHMEDIEN WIESBADEN GMBH

HEFT 171
Wäschereiforschung Krefeld
Untersuchung der Wäscheentwässerung mit Hilfe von Zentrifugen und Pressen
1955, 42 Seiten, 16 Abb., 4 Tabellen, DM 9,70

HEFT 172
Dipl.-Ing. W. Rohs, Dr.-Ing. G. Satlow und Text.-Ing. G. Heller, Bielefeld
Trocknung von Hanfgarnen. Kreuzspultrocknung
1955, 60 Seiten, 7 Abb., 4 Tabellen, DM 10,30

HEFT 173
Prof. Dr. R. Hosemann und Dipl.-Phys. G. Schoknecht, Berlin, vorgelegt von Prof. Dr. W. Kast, Krefeld
Lichtoptische Herstellung und Diskussion der Faltungsquadrate parakristalliner Gitter
1956, 108 Seiten, 63 Abb., 6 Tabellen, DM 24,70

HEFT 174
Prof. Dr. W. von Fragstein, Dr. J. Meingast und H. Hoch, Köln
Herstellung von Solen einheitlicher Teilchengröße und Ermittlung ihrer optischen Eigenschaften
1955, 78 Seiten, 80 Abb., 4 Tabellen, DM 18,25

HEFT 175
Dr.-Ing. H. Zeller, Aachen
Beitrag zur eindimensionalen stationären und nichtstationären Gasströmung mit Reibung und Wärmeleitung insbesondere in Rohren mit unstetigen Querschnittsänderungen
1956, 138 Seiten, 56 Abb., DM 29,30

HEFT 176
Dipl.-Ing. H. Schöberl, Duisburg
Über die Methoden zur Ermittlung der Verbrennungstemperatur von Brennstoffen und ein Vorschlag zu ihrer Verbesserung
1955, 30 Seiten, 3 Abb., DM 6,50

HEFT 177
Dipl.-Ing. H. Stüdemann, Solingen, und Dr.-Ing. W. Müchler, Essen
Entwicklung eines Verfahrens zur zahlenmäßigen Bestimmung der Schneideigenschaften von Messerklingen
1956, 104 Seiten, 68 Abb., 4 Tabellen, DM 22,20

HEFT 178
Prof. Dr. M. von Stackelberg u. Dr. W. Hans, Bonn
Untersuchungen zur Ausarbeitung und Verbesserung von polarographischen Analysenmethoden
1955, 46 Seiten, 14 Abb., DM 10,50

HEFT 179
Dipl.-Ing. H. F. Reineke, Bochum
Entwicklungsarbeiten auf dem Gebiete der Meß- und Regeltechnik
1955, 46 Seiten, 10 Abb., DM 10,—

HEFT 180
Dr.-Ing. W. Piepenburg, Dipl.-Ing. B. Bühling und Bauing. J. Behnke, Köln
Putzarbeiten im Hochbau und Versuche mit aktiviertem Mörtel und mechanischem Mörtelauftrag
1955, 116 Seiten, 31 Abb., 68 Tabellen, DM 23,—

HEFT 181
Prof. Dr. W. Franz, Münster
Theorie der elektrischen Leitvorgänge in Halbleitern und isolierenden Festkörpern bei hohen elektrischen Feldern
1955, 28 Seiten, 2 Abb., 1 Tabelle, DM 6,20

HEFT 182
Dr.-Ing. P. Schenk u. Dr. K. Osterloh, Düsseldorf
Katalytisch-thermische Spaltung von gasförmigen und flüssigen Kohlenwasserstoffen zur Spitzengaserzeugung
1955, 50 Seiten, 11 Abb., 11 Tabellen, DM 10,90

HEFT 183
Dr. W. Bornheim, Köln
Entwicklungsarbeiten an Flaschen- und Ampullen-Behandlungsmaschinen für die pharmazeutische Industrie
1956, 48 Seiten, 24 Abb., DM 11,70

HEFT 184
Dr.-Ing. E. Printz, Kettwig
Vollhydraulische Parallel-Kupplung für Ackerschlepper
1955, 32 Seiten, 4 Abb., DM 7,80

HEFT 185
Dipl.-Ing. W. Rohs und Text.-Ing. G. Heller, Bielefeld
Studien an einem neuzeitlichen Kreuzspultrockner für Bastfasergarne mit Wiederbefeuchtungszone
1955, 52 Seiten, 9 Abb., 3 Tabellen, DM 10,70

HEFT 186
Dr. E. Wedekind, Krefeld
Untersuchungen zur Arbeitsbestgestaltung bei der Fertigstellung von Oberhemden in gewerblichen Wäschereien
1955, 124 Seiten, 28 Abb., 6 Tabellen, 2 Falttaf., DM 12,—

HEFT 187
Dipl.-Ing. F. Göttgens, Essen
Über die Eigenarten der Bimetall-, Thermo- und Flammenionisationssicherungsmethode in ihrer Anwendung auf Zündsicherungen
1955, 40 Seiten, 6 Abb., 4 Tabellen, DM 8,40

HEFT 188
W. Kinnebrock, Langenberg (Rhld.)
Der Einfluß des Austausches gleicher Gaskochbrenner bzw. Gaskochbrennerteile auf den Wirkungsgrad und insbesondere auf den CO-Gehalt der Verbrennungsgase
1955, 42 Seiten, 7 Tabellen, DM 8,70

HEFT 189
Fa. E. Leybold's Nachfolger, Köln
I. Ausgewähltes Kapitel aus der Vakuumtechnik
II. Zum Verlust anorganisch-nichtflüchtiger Substanzen während der Gefriertrocknung
1955, 52 Seiten, 16 Abb., 3 Tabellen, DM 11,20

HEFT 190
Prof. Dr. A. Neuhaus, Prof. Dr. O. Schmitz-DuMont und Dipl.-Chem. H. Reckhard, Bonn
Zur Kenntnis der Alkalititanate
1955, 60 Seiten, 13 Abb., 1 Tabelle, DM 12,20

HEFT 191
Prof. Dr. H. Söhngen, Darmstadt
Schwingungsverhalten eines Schaufelkranzes im Vakuum
1955, 36 Seiten, 7 Abb., DM 7,80

HEFT 192
Dipl.-Phys. E. M. Schneider, München
Kohlebogenlampen für Aufnahme und Kopie
1955, 48 Seiten, 21 Abb., 3 Tabellen, DM 10,60

HEFT 193
Prof. Dr. O. Schmitz-DuMont, Bonn
Untersuchungen über neue Pigmentfarbstoffe
1956, 50 Seiten, 16 Abb., 8 Tabellen, DM 11,20

HEFT 194
Dr. K. Hecht, Köln
Entwicklung neuartiger physikalischer Unterrichtsgeräte
1955, 42 Seiten, 16 Abb., DM 9,90

HEFT 195
Dr.-Ing. E. Rößger, Köln
Gedanken über einen neuen deutschen Luftverkehr
1955, 342 Seiten, 29 Abb., 122 Tabellen, DM 50,—

HEFT 196
Dipl.-Ing. W. Rohs, und Text.-Ing. H. Griese, Bielefeld
Auswirkungen von Garnfehlern bei der Verarbeitung von Leinengarnen
1955, 36 Seiten, 3 Abb., 6 Tabellen, DM 7,80

HEFT 197
Dr. E. Wedekind, Krefeld
Untersuchungen zur Bestimmung der optimalen Arbeitsplatzgröße bei Mehrstuhlarbeit in der Weberei
1955, 92 Seiten, 34 Abb., DM 18,50

HEFT 198
Prof. Dr. J. Weissinger, Karlsruhe
Zur Aerodynamik des Ringflügels. Die Druckverteilung dünner, fast drehsymmetrischer Flügel in Unterschallströmung
1955, 42 Seiten, 5 Abb., DM 9,—

HEFT 199
Textilforschungsanstalt Krefeld
Die Messung von Gewebetemperaturen mittels Temperaturstrahlung
1955, 50 Seiten, 12 Abb., DM 10,90

HEFT 200
R. Seipenbusch, Langenberg (Rhld.)
Spitzengas durch Zusatz von Flüssiggas-Wassergas- und Flüssiggas-Generatorgas-Gemischen zu Stadtgas
1955, 48 Seiten, 21 Tabellen, DM 10,35

HEFT 201
Dr.-Ing. E. W. Pleines, Frankfurt/Main
Die Sicherheit im Luftverkehr
1956, 194 Seiten, 39 Abb., 19 Tabellen, DM 39,45

HEFT 202
Dipl.-Ing. D. Fiecke, Stuttgart/Zuffenhausen
Die Bestimmung der Flugzeugpolaren für Entwurfszwecke. I. Teil: Unterlagen
in Vorbereitung

HEFT 203
Dr. G. Wandel, Bonn
Uferbewachsung und Lebendverbauung an den Nordwestdeutschen Kanälen und ihren Zuflüssen sowie an der Ruhr
in Vorbereitung

HEFT 204
Dipl.-Ing. B. Naendorf, Langenberg (Rhld.)
Bestimmung der Brenneigenschaften und des Brennverhaltens verschiedener Gasarten und Einfluß verschiedener Düsengestaltung
1955, 32 Seiten, DM 7,10

HEFT 205
Dr. C. Schaarwächter, Düsseldorf
Über plastische Kupfer-Eisen-Phosphor-Legierungen
1956, 36 Seiten, 10 Abb., 10 Tabellen, DM 8,30

HEFT 206
Dr. P. Hölemann, Ing. R. Hasselmann und Ing. G. Dix, Dortmund
Untersuchungen über die Vorgänge bei der Zersetzung von in Azeton gelöstem Azetylen
1956, 74 Seiten, 7 Abb., 7 Tabellen, DM 15,55

HEFT 207
Prof. Dr.-Ing. H. Opitz, Dipl.-Ing. K. H. Fröhlich und Dipl.-Ing. H. Siebel, Aachen
Richtwerte für das Fräsen von unlegierten und legierten Baustählen mit Hartmetall. I. Teil
in Vorbereitung

HEFT 208
Prof. Dr.-Ing. H. Müller, Essen
Untersuchung von Elektrowärmegeräten für Laienbedienung hinsichtlich Sicherheit und Gebrauchsfähigkeit. I. Untersuchungen an Kochplatten
in Vorbereitung

HEFT 209
Dr. K. Bunge, Leverkusen
Materialabbau in Funkenentladungen. Untersuchungen an Zinkkathoden
1956, 54 Seiten, 10 Abb., 5 Tabellen, DM 11,40

HEFT 210
Dr. W. Porschen und Prof. Dr. W. Riezler, Bonn
Langlebige Alphaaktivitäten bei natürlichen Elementen
1955, 40 Seiten, 5 Abb., 4 Tabellen, DM 8,80

HEFT 211
Prof. Dipl.-Ing. W. Sturtzel und Dr.-Ing. W. Graff, Duisburg
Die Versuchsanstalt für Binnenschiffbau, Duisburg
1956, 48 Seiten, 22 Abb., DM 11,—

HEFT 212
Dipl.-Ing. H. Spodig, Selm
Untersuchung zur Anwendung der Dauermagnete in der Technik
1955, 44 Seiten, 25 Abb., DM 9,80

HEFT 213
Dipl.-Ing. K. F. Rittinghaus, Aachen
Zusammenstellung eines Meßwagens für Bau- und Raumakustik
in Vorbereitung

HEFT 214
Dr.-Ing. J. Endres, München
Berechnung der optimalen Leistungen, Kraftstoffverbräuche und Wirkungsgrade von Einkreis-Turbolader-Strahltriebwerken am Boden und in der Höhe bei Fluggeschwindigkeiten von 0–2000 km/h
1956, 72 Seiten, 18 Abb., 8 Tabellen, DM 15,40

HEFT 215
Prof. Dr.-Ing. H. Opitz und Dr.-Ing. G. Weber, Aachen
Einfluß der Wärmebehandlung von Baustählen auf Spanentstehung, Schnittkraft- und Standzeitverhalten
in Vorbereitung

HEFT 216
Dr. E. Kloth, Köln
Untersuchungen über die Ausbreitung kurzer Schallimpulse bei der Materialprüfung mit Ultraschall
1956, 90 Seiten, 60 Abb., 4 Tabellen, DM 19,40

HEFT 217
Rationalisierungskuratorium der Deutschen Wirtschaft (RKW), Frankfurt/Main
Typenvielzahl bei Haushaltgeräten und Möglichkeiten einer Beschränkung
1956, 328 Seiten, 2 Abb., 181 Tabellen, DM 49,50

HEFT 218
Dr. F. Keune, Aachen
Bericht über eine Theorie der Strömung um Rotationskörper ohne Anstellung bei Machzahl Eins
1955, 40 Seiten, 8 Abb., 5 Formelblätter, DM 8,80

HEFT 219
Prof. Dr. W. Fuchs, Aachen
Untersuchungen zur Holzabfallverwertung und zur Chemie des Lignins
1955, 54 Seiten, 11 Abb., 15 Tabellen, DM 11,40

SPRINGER FACHMEDIEN WIESBADEN GMBH

HEFT 220
Prof. Dr. W. Fuchs, Aachen
Die Entwicklung neuer Regel- und Kontroll-Apparate zur coulometrischen Analyse
1956, 76 Seiten, 17 Abb., 23 Tabellen, DM 15,50

HEFT 221
Dr. W. Meyer-Eppler, Bonn
Experimentelle Untersuchungen zum Mechanismus von Stimme und Gehör in der lautsprachlichen Kommunikation
1955, 56 Seiten, 24 Abb., DM 13,45

HEFT 222
Dr. L. Köllner, Münster, und Dipl.-Volkswirt M. Kaiser, Bochum
Die internationale Wettbewerbsfähigkeit der westdeutschen Wollindustrie
1956, 214 Seiten, DM 39,50

HEFT 223
Dr.-Ing. K. Alberti und Dr. F. Schwarz, Köln
Über das Problem Hartbrand - Weichbrand
1956, 54 Seiten, 25 Abb., 14 Tabellen, DM 12,10

HEFT 224
Dipl.-Ing. H. Stüdeman und Ing. R. Beu, Solingen
Verfahren zur Prüfung der Korrosionsbeständigkeit von Messerklingen aus rostfreiem Stahl
1956, 82 Seiten, 28 Abb., DM 16,90

HEFT 225
Dr.-Ing. E. Barz, Remscheid
Der Spannungszustand von Gattersägeblättern
in Vorbereitung

HEFT 226
Technisch-wissenschaftliches Büro für die Bastfaserindustrie, Bielefeld
Untersuchungen zur Verbesserung des Leinenwebstuhles IV
Die Wirkung verschiedener Kettbaumbremsen auf die Verwebung von Leinengarnen
1956, 64 Seiten, 9 Abb., 4 Tabellen, DM 13,50

HEFT 227
Prof. Dr. F. Wever, Düsseldorf und Dr. W. Wepner, Köln
Untersuchung der Alterungsneigung von weichen unlegierten Stählen durch Härteprüfung bei Temperaturen bis 300 Grad C
1956, 34 Seiten, 20 Abb., 3 Tabellen, DM 7,95

HEFT 228
Prof. Dr. F. Wever, Dr. W. Koch, Düsseldorf und Dr. B. A. Steinkopf, Dortmund
Spektrochemische Grundlagen der Analyse von Gemischen aus Kohlenmonoxyd, Wasserstoff und Stickstoff
in Vorbereitung

HEFT 229
Prof. Dr. F. Wever, Dr. W. Koch und Dr.-Ing. H. Malissa, Düsseldorf
Über die Anwendung disubstituierter Dithiocarbamate der analytischen Chemie
1956, 44 Seiten, 30 Abb., 5 Tabellen, DM 10,50

HEFT 230
Prof. Dr. F. Wever, Düsseldorf und Dr. W. Wepner, Köln
Bestimmung kleiner Kohlenstoffgehalte im Alpha-Eisen durch Dämpfungsmessung
1956, 34 Seiten, 5 Abb., 2 Tabellen, DM 7,70

HEFT 231
Dr.-Ing. W. Küch, Dortmund
Über die Wechselwirkung zwischen Holzschutzbehandlung und Verleimung
1956, 48 Seiten, 10 Abb., 8 Tabellen, DM 10,40

HEFT 232
Prof. Dr.-Ing. O. Kienzle, Hannover und Dr.-Ing. H. Münnich, Schweinfurt
Feststellung der Spannungen und Dehnungen und Bruchdrehzahlen der unter Fliehkraft und Bearbeitungskraft beanspruchten Schleifkörper
in Vorbereitung

HEFT 233
Dr. H. Haase, Hamburg
Infrarot-Bibliographie
1956, 90 Seiten, DM 17,80

HEFT 234
Dr.-Ing. K. G. Speith und Dr.-Ing. A. Bungeroth, Duisburg
Versuche zur Steigerung des Kokillen-Schluckvermögens beim Stranggießen von Stahl
1956, 26 Seiten, 5 Abb., DM 6,15

HEFT 235
Prof. Dr.-Ing. K. Leist und Dipl.-Ing. W. Dettmering, Aachen
Turbinenschaufeln aus Kunststoff für Kaltluftversuchsanlagen
1956, 46 Seiten, 43 Abb., 3 Tabellen, DM 12,30

HEFT 236
Dr.-Ing. O. Viertel und S. Lucas, Krefeld
Ergebnisse einer Hausfrauenbefragung über Wascheinrichtungen und Waschmethoden in städtischen Haushaltungen
1956, 34 Seiten, 4 Abb., DM 7,60

HEFT 237
Dr. P. Endler und Dr. H. Ludes, Köln
Bericht über eine Studienreise zur Orientierung der heutigen Behandlung der Lungentuberkulose in den Vereinigten Staaten von Nordamerika
1956, 32 Seiten, DM 7,10

HEFT 238
Institut für textile Meßtechnik, M.-Gladbach, e.V.
Untersuchung der Verzugsvorgänge an den Streckwerken verschiedener Spinnereimaschinen. 3. Bericht: Theoretische Betrachtungen über den Einfluß schlagender Zylinder und Druckrollen
in Vorbereitung

HEFT 239
Prof. Dr.-Ing. K. Leist und Dipl.-Ing. H. Scheele, Aachen und Dipl.-Ing. F. H. Flottmann, Herne
Versuche an einem neuartigen luftgekühlten Hochleistungs-Kolbenkompressor
in Vorbereitung

HEFT 240
Prof. Dr.-Ing. K. Leist und Dipl.-Ing. H. Scheele, Aachen
Temperaturmessungen an einem einstufigen luftgekühlten 4-Zylinder-Kolbenkompressor mit Kühlgebläse
in Vorbereitung

HEFT 241
Prof. Dr.-Ing. K. Leist und Dipl.-Ing. M. Pötke, Aachen
Leistungsversuche an einem Kühlluftgebläse
in Vorbereitung

HEFT 242
Prof. Dr.-Ing. K. Leist und Dipl.-Ing. K. Graf, Aachen
Straßenfahrzeuge mit Gasturbinenantrieb
in Vorbereitung

HEFT 243
Prof. Dr.-Ing. K. Leist und Dipl.-Ing. S. Förster, Aachen
Die französische Kleingasturbine Artouste — 1. Teil
in Vorbereitung

HEFT 244
Prof. Dr. F. Wever, Dr. W. Koch und Dr. S. Eckhard, Düsseldorf
Erfahrungen mit der spektrochemischen Analyse von Gefügebestandteilen des Stahles
1956, 32 Seiten, 8 Abb., 2 Tabellen, DM 7,80

HEFT 245
Prof. Dr.-Ing. K. Krekeler, Aachen
Das Verbinden von Metallen durch Kunstharzkleber. Teil I: Eigenschaften und Verwendung der Metallklebstoffe
1956, 48 Seiten, 8 Abb., DM 10,25

HEFT 246
Prof. Dr.-Ing. K. Krekeler, Aachen
Das Verbinden von Metallen durch Kunstharzkleber. Teil II: Untersuchungen an geklebten Leichtmetall-Verbindungen
in Vorbereitung

HEFT 247
Dr. H. Söhngen, Darmstadt
Strömung vor einem Überschall-Laufrad
1956, 26 Seiten, 4 Abb., DM 7,60

HEFT 248
Rheinische Aktiengesellschaft für Braunkohlenbergbau und Brikettfabrikation, Köln
Untersuchung der Bindemitteleigenschaften von Braunkohlenfilteraschen
in Vorbereitung

HEFT 249
Dr. M.-E. Meffert, Essen
Weitere Kulturversuche Scenedesmus obliquus
1956, 36 Seiten, 5 Abb., 10 Tabellen, DM 8,—

HEFT 250
Dr. F. Schwarz und Dr.-Ing. K. Alberti, Köln
Entwicklung von Untersuchungsverfahren zur Gütebeurteilung von Industriekalken
in Vorbereitung

HEFT 251
Prof. Dr. H. Bittel, Münster
Zur Statistik der ferromagnetischen Elementarvorgänge und ihren Einfluß auf das Barkhausenrauschen
in Vorbereitung

HEFT 252
Dipl.-Ing. H. Frings, Geilenkirchen
Die Wirkung abfallender Wetterführung auf Wettertemperatur, Grubengasgehalt und Staubbildung
in Vorbereitung

HEFT 253
Dipl.-Ing. S. Schirmanski, Berghausen
Stand und Auswertung der Forschungsarbeiten über Temperatur- und Feuchtigkeitsgrenzen bei der bergmännischen Arbeit
in Vorbereitung

HEFT 254
Prof. Dr. R. Danneel, Bonn
Quantitative Untersuchungen über die Entwicklung des Ehrlich-Ascitesturmos bei Inzuchtmäusen
in Vorbereitung

HEFT 255
Ing. B. v. Schlippe, Bad Nauheim
Strömung von Flüssigkeiten mit temperaturabhängiger Zähigkeit (Kühlung von Ölen)
1956, 54 Seiten, 12 Abb., 4 Tabellen, DM 11,70

HEFT 256
Prof. Dr. C. Schmieden und Dipl.-Math. K. H. Müller, Darmstadt
Die Strömung einer Quellstrecke im Halbraum — eine strenge Lösung der Navier-Stokes-Gleichungen
1956, 40 Seiten, 9 Abb., DM 8,80

HEFT 257
Prof. Dr. G. Lehmann und Dr. J. Tamm, Dortmund
Die Beeinflussung vegetativer Funktionen des Menschen durch Geräusche
in Vorbereitung

HEFT 258
Dr. H. Paul, Linz (Rhein) und Prof. Dr. O. Graf, Dortmund
Zur Frage der Unfälle im Bergbau
1956, 52 Seiten, 9 Abb., 22 Tabellen, DM 11,20

HEFT 259
Prof. Dr. W. Linke, Aachen
Strömungsvorgänge in künstlich belüfteten Räumen
1956, 52 Seiten, 37 Abb., 1 Tabelle, DM 11,80

HEFT 260
Prof. Dr. W. Kast, Freiburg (Br.), Prof. Dr. A. H. Stuart und Dipl.-Phys. H. G. Fendler, Hannover
Lichtzerstreuungsmessungen an Lösungen hochpolymerer Stoffe
in Vorbereitung

HEFT 261
Prof. Dr. W. Kast, Freiburg (Br.)
Feinstruktur-Untersuchungen an künstlichen Zellulosefasern verschiedener Herstellungsverfahren. Teil II: Der Kristallisationszustand
in Vorbereitung

HEFT 262
Dr.-Ing. W. Batel, Aachen
Untersuchungen zur Absiebung feuchter, feinkörniger Haufwerke und Schwingsieben
in Vorbereitung

HEFT 263
Prof. Dr. H. Lange und Dipl.-Phys. R. Kohlhaas, Köln
Über die Wärmeleitfähigkeit von Stählen bei hohen Temperaturen: Teil I: Literaturbericht
in Vorbereitung

HEFT 264
Prof. Dr. W. Weizel, Bonn
Durch schnelle Funkenzusammenbrüche ausgelöste Signale auf einer Leitung
1956, 26 Seiten, 4 Abb., 3 Tabellen, DM 6,10

HEFT 265
Prof. Dr. F. Micheel und Dr. R. Engel, Münster
Eine Apparatur zur elektrophoretischen Trennung von Stoffgemischen
in Vorbereitung

HEFT 266
Fliesen-Beratungsstelle Bad Godesberg-Mehlem
Güteeigenschaften keramischer Wand- und Bodenfliesen und deren Prüfmethoden
1956, 32 Seiten, DM 7,10

HEFT 267
Prof. Dr. W. Weizel und B. Brandt, Bonn
Zur Stabilität stromstarker Glimmentladungen
1956, 36 Seiten, 7 Abb., DM 8,40

HEFT 268
Prof. Dr.-Ing. G. Vogelpohl, Göttingen
Über die Tragfähigkeit von Gleitlagern und ihre Berechnung
in Vorbereitung

SPRINGER FACHMEDIEN WIESBADEN GMBH

HEFT 269
Markscheider R. Bals, Bochum
Eignung des Gebirgsankerausbaus zur Erleichterung des Streckenvortriebs im Steinkohlenbergbau
in Vorbereitung

HEFT 270
Dr. H. Krebs und Mitarbeiter, Bonn
Die Trennung von Racematen auf chromatographischem Wege
in Vorbereitung

HEFT 271
Prof. Dr.-Ing. H. Opitz und Dipl.-Ing. H. Axer, Aachen
Beeinflussung des Verschleißverhaltens bei spanenden Werkzeugen durch flüssige und gasförmige Kühlmittel und elektrische Maßnahmen
in Vorbereitung

HEFT 272
Prof. Dr. W. Fuchs und Dr. H. Dresia, Aachen
Untersuchungen über die Schnellverbrennung und Schnellvergasung fester Brennstoffe
in Vorbereitung

HEFT 273
Fa. K. W. Tacke G.m.b.H., Wuppertal-Barmen
Erfahrungen beim Verspinnen von Perlonfasern und bei der Herstellung von Trikotagen aus gesponnenem Perlon
in Vorbereitung

HEFT 274
Prof. Dr.-Ing. K. Krekeler und Dipl.-Ing. H. Verhoeven, Aachen
Qualitative Untersuchungen bei Verbindungsschweißungen mittels Lichtbogenschweißautomaten unter Verwendung von Blankdraht und Zugabe von ferromagnetischem Pulver als Umhüllung
in Vorbereitung

HEFT 275
Prof. Dr.-Ing. K. Krekeler und Dipl.-Ing. H. Verhoeven, Aachen
Qualitative Untersuchungen von Punktschweißverbindungen an Tiefzieh- und Aluminiumblechen, die nach dem Argonarc-Punktschweißverfahren hergestellt werden
in Vorbereitung

HEFT 276
Fa. E. Haage, Mülheim (Ruhr)
Entwicklungsarbeiten im Apparatebau für Laboratorien
in Vorbereitung

HEFT 277
Dr.-Ing. W. Müchler, Essen
Untersuchung und zahlenmäßige Bestimmung der Schneideigenschaften von Messern mit besonderer Berücksichtigung rostfreier Messerstähle
in Vorbereitung

HEFT 278
Dipl.-Ing. J. Stelter und Dipl.-Ing. H. Kickert, Aachen
I. Sichtbarmachung von Ultraschallfeldern unter Verwendung photographischer Emulsionsschichten
II. Methode zur Bestimmung der wirklichen Temperaturverhältnisse in Flüssigkeiten während der Beschallung (Nach einer Diplom-Arbeit von H. Schnitzler)
in Vorbereitung

HEFT 279
Dr. F. Keune, Aachen
Der gewölbte und verwundene Tragflügel ohne Dicke in Schallnähe
in Vorbereitung

HEFT 280
Dipl.-Ing. J. Stelter und Dipl.-Ing. E. Pfende, Aachen
Über Störerscheinungen bei Schallgeschwindigkeitsmessungen mittels der Interferometermethode
in Vorbereitung

HEFT 281
Prof. Dr.-Ing. K. Lürenbaum, Aachen
Der Meßwagen des Instituts für Maschinen-Dynamik der Deutschen Versuchsanstalt für Luftfahrt, Aachen
in Vorbereitung

HEFT 282
Bergrat a.D. Scherer, Bochum
Das B.T.-Schwelverfahren und seine Anwendung auf der Anlage Marienau
in Vorbereitung

HEFT 283
Prof. Dr. F. Wever und Dr.-Ing. W. Lueg, Düsseldorf
Warmstauchversuche zur Ermittlung der Formänderungsfestigkeit von Gesenkschmiede-Stählen
in Vorbereitung

HEFT 284
Prof. Dr. F. Wever, Düsseldorf, Dr.-Ing. H.J. Wiester, Essen, Dr.-Ing. F.W. Straßburg, Duisburg, Prof. Dr.-Ing. H. Opitz, Aachen, und Dr.-Ing. K.H. Fröhlich, Köln
Einfluß des Gefüges auf die Zerspanbarkeit von Einsatz- und Vergütungsstählen
in Vorbereitung

HEFT 285
Prof. Dr.-Ing. O. Kienzle, Dr.-Ing. K. Lange, Hannover, und Dipl.-Ing. H. Meinert, Osterode
Einfluß der Oberfläche auf das Verschleißverhalten von Schmiedegesenken
in Vorbereitung

HEFT 286
Dr.-Ing. K. Lange, Hannover, Dipl.-Ing. H. Meinert, Osterode, unter Mitarbeit von Dr.-Ing. H. Arend, Mülheim (Ruhr)
Verschleißverhalten hartverchromter Schmiedegesenke
in Vorbereitung

HEFT 287
Prof. Dr.-Ing. K. Krekeler, Aachen
Änderungen der mechanischen Eigenschaftswerte thermoplastischer Kunststoffe bei Beanspruchung in verschiedenen Medien
in Vorbereitung

HEFT 288
Dr. K. Brücker-Steinkuhl, Düsseldorf
Anwendung mathematisch-statistischer Verfahren in der Industrie
in Vorbereitung

HEFT 289
Prof. Dr.-Ing. H. Winterhager, Aachen
Kombinierter Widerstands- und Lichtbogen-Vakuumofen zur Verarbeitung von Titanschwamm
Prof. Dr. Dr. h.c. R. Schwarz, Aachen
Erforschung neuer Wege zur Darstellung von Titanmetall
in Vorbereitung

HEFT 290
Dr. D. Horstmann, Düsseldorf
I. Der verstärkte Angriff des Zinks auf Eisen im Temperaturgebiet um 500° C
II. Einfluß eines Antimongehaltes auf den Angriff von Zinkschmelzen auf Eisen
in Vorbereitung

HEFT 291
Dr.-Ing. H.J. Wiester und Dr. D. Horstmann, Düsseldorf
Der Angriff eisengesättigter Zinkschmelzen auf silizium- und manganhaltiges Eisen
in Vorbereitung

HEFT 292
Dipl.-Ing. W. Rohs und Text.-Ing. H. Griese, Bielefeld
Webversuche an Leinenwebstühlen mit verbesserter Schaftbewegung
in Vorbereitung

HEFT 293
Prof. J.W. Korte, unter Mitarbeit von Dipl.-Ing. P.A. Mäcke und Dipl.-Ing. W. Leutzbach, Aachen
Die Leistungsfähigkeit von Verkehrsanlagen des motorisierten städtischen Straßenverkehrs
in Vorbereitung

HEFT 294
Dipl.-Ing. B. Naendorf, Essen
Untersuchungen industrieller Gasbrenner
in Vorbereitung

HEFT 295
Prof. Dr.-Ing. H. Opitz und Dipl.-Ing. H. Axer, Aachen
Untersuchung und Weiterentwicklung neuartiger elektrischer Bearbeitungsverfahren
in Vorbereitung

HEFT 296
Prof. Dr.-Ing. H. Opitz, Aachen
I. Untersuchungen an elektronischen Regelantrieben
II. Statistische Untersuchungen zur Ausnutzung von Drehbänken
in Vorbereitung

HEFT 297
Dr. K. Schaarwächter, Düsseldorf
Die Reduktion von Siliziumtetrachlorid im Lichtbogen zur nachfolgenden Silizierung von Eisenblechen
in Vorbereitung

HEFT 298
Prof. Dr.-Ing. E. Oehler, Aachen
Untersuchung von kritischen Drehzahlen, die durch Kreiselmomente verursacht werden
in Vorbereitung

HEFT 299
Dr. J. Fassbender und W. Hoppe, Bonn
Eine photoelektrische Nachlaufeinrichtung für Analogie-Rechenmaschinen
in Vorbereitung

HEFT 300
Prof. Dr. E. Schütz und Privatdozent Dr. H. Caspers, Münster
Tierexperimentelle Untersuchungen über die Alkoholwirkungen auf Erregbarkeit und bioelektrische Spontanaktivität der Hirnrinde
in Vorbereitung

HEFT 301
Prof. Dr. W. Weltzien, Dr. G. Cossmann und P. Diehl, Krefeld
Über die fraktionierte Fällung von Polyamiden (II)
in Vorbereitung

HEFT 302
Prof. Dr.-Ing. W. Wegener und Dipl.-Ing. Willi Zahn, Aachen
Untersuchungen von gesponnenen Garnen auf ihre Gleichmäßigkeit nach verschiedenen Meßmethoden
in Vorbereitung

HEFT 303
Prof. Dr.-Ing. S. Kiesskalt, Aachen
Das Institut der Forschungsgesellschaft Verfahrenstechnik e.V. an der Technischen Hochschule Aachen
in Vorbereitung

HEFT 304
Prof. Dr.-Ing. K. Krekeler, Düsseldorf, und Dipl.-Ing. A. Kleine-Albers, Aachen
Beitrag zur thermoelastischen Warmformbarkeit von Hart PVC
in Vorbereitung

HEFT 305
Prof. Dr.-Ing. K. Krekeler, Düsseldorf, Dr.-Ing. H. Peukert, Aachen, und Dipl.-Ing. W. Schmitz, Siegburg
Heißgas-Schweißung von Hart-Polyvinylchlorid mit Zusatzwerkstoff
in Vorbereitung

HEFT 306
Prof. Dr. B. Rensch, Münster
Elektrophysiologische Untersuchungen zur Analysierung der Bildung von Assoziations- und Gedächtnisspuren in Gehirn und Rückenmark
Prof. Dr. A. Loeser, Münster
Akute und chronische Giftwirkungen sauerstoffhaltiger Lösungsmittel
in Vorbereitung

HEFT 307
Privatdozent Dr. J. Juilfs, Krefeld
Vergleichende Untersuchungen zur elastischen und bleibenden Dehnung von Fasern
in Vorbereitung

HEFT 308
Privatdozent Dr. J. Juilfs, Krefeld
Zur Messung der Fadenglätte
in Vorbereitung

HEFT 309
Prof. Dr. K. Cruse und Mitarbeiter, Clausthal-Zellerfeld
Aufbau und Arbeitsweise eines universell verwendbaren Hochfrequenz-Titrationsgerätes
in Vorbereitung

HEFT 310
Dr. P.F. Müller, Bonn
Die Integrieranlage des Rheinisch-Westfälischen Instituts für Instrumentelle Mathematik in Bonn
in Vorbereitung

HEFT 311
Prof. Dr. F. Wever und Dr. M. Hempel, Düsseldorf
Dauerschwingfestigkeit von Stählen bei erhöhten Temperaturen
Teil I: Erkenntnisse aus bisherigen Dauerschwingversuchen in der Wärme
in Vorbereitung

HEFT 312
Prof. Dr. F. Wever und Dr. M. Hempel, Düsseldorf
Dauerschwingfestigkeit von Stählen bei erhöhten Temperaturen
Teil II: Zug-Druck-Dauerschwingversuche an zwei warmfesten Stählen bei Temperaturen von 500 bis 650°
in Vorbereitung

HEFT 313
Prof. Dr. F. Wever, Dr. W. Koch und Dipl.-Phys. H. Rohde, Düsseldorf
Änderungen des Habitus und der Gitterkonstanten des Zementits in Chromstählen bei verschiedenen Wärmebehandlungen
in Vorbereitung

SPRINGER FACHMEDIEN WIESBADEN GMBH

HEFT 314
Prof. Dr. F. Wever und Dr.-Ing. A. Krisch, Düsseldorf, und Dr.-Ing. H.-J. Wiester, Essen
Veränderungen im Gefügeaufbau von Chrom-Nickel-Molybdän-Stählen bei langzeitiger Beanspruchung im Zeitstandversuch bei 500°
in Vorbereitung

HEFT 315
Prof. Dr. F. Wever und Dr.-Ing. A. Krisch, Düsseldorf
Metallkundliche Untersuchungen an Zeitstandproben
in Vorbereitung

HEFT 316
Dr. F. Keune, Aachen
Zusammenfassende Darstellung und Erweiterung des Aequivalenzsatzes für schallnahe Strömung
in Vorbereitung

HEFT 317
Dr.-Ing. J. Stelter, Aachen
Mikrobiologische Ultraschallwirkungen
in Vorbereitung

HEFT 318
Dipl.-Ing. H. Kickert, Aachen
Über die Ausbreitung von Ultraschall in Luft
in Vorbereitung

HEFT 319
Prof. Dr. C. Kröger, Aachen
Gemengereaktionen und Glasschmelze
in Vorbereitung

HEFT 320
Dr. H.-E. Caspary, Köln
Verwendung von Szintillationszählern anstelle von Zählrohren zur zerstörungsfreien Materialprüfung
in Vorbereitung

HEFT 321
Prof. Dr. F. Wever, Düsseldorf und Dr. W. Wepner, Köln
Gleichzeitige Bestimmung kleiner Kohlenstoff- und Stickstoffgehalte im α-Eisen durch Dämpfungsmessung
in Vorbereitung

HEFT 322
Prof. Dr.-Ing. F. Bollenrath und Dipl.-Ing. W. Domke, Aachen
Eigenspannungen in vergüteten, dickwandigen Stahlzylindern nach Oberflächenhärtung mit induktiver Erwärmung
in Vorbereitung

HEFT 323
Prof. Dr. R. Seyffert, Köln
Wege und Kosten der Distribution der Textilien, Schuh- und Lederwaren
in Vorbereitung

HEFT 324
Prof. Dr.-Ing. H. Opitz, Dr.-Ing. E. Salje und Dipl.-Ing. K. E. Schwartz, Aachen
Richtwerte für das Außenrund-Längs- und Einstechschleifen
in Vorbereitung

HEFT 325
Prof. Dr. E. Schratz, Münster
Pharmakognostische Untersuchungen am Medizinal-Rhabarber
in Vorbereitung

HEFT 326
Prof. Dr.-Ing. E. Essers und Mitarbeiter, Aachen
Deichselkräfte an Lastzügen
in Vorbereitung

HEFT 327
Prof. Dr.-Ing. K. Krekeler und Dr.-Ing. H. Peukert, Aachen
Beitrag zur thermoelastischen Formbarkeit von Polyäthylen
in Vorbereitung

HEFT 328
Dr. H. Maeder, Belo Horizonte
Schweißen von Temperguß
in Vorbereitung

HEFT 329
Dipl.-Ing. A. Krüger, Karlsruhe, und Feuerwehr-Ing. R. Radusch, Dortmund
Wasserzerstäubung im Strahlrohr
in Vorbereitung

HEFT 330
Dipl.-Physiker E. Pepping, Aachen
Die Durchflußzahl des Rechteckschlitzes in einer sehr großen Wand
in Vorbereitung

HEFT 331
Dipl.-Ing. G. Bretschneider, Ruit
Die Messung der wiederkehrenden Spannung mit Hilfe des Netzmodelles
in Vorbereitung

HEFT 332
Prof. Dr.-Ing. R. Jaeckel und Dr. G. Reich, Bonn
Messung von Dampfdrucken im Gebiet unter 10^{-2} Torr
in Vorbereitung

HEFT 333
Prof. Dipl.-Ing. W. Sturtzel und Dr.-Ing. W. Graff, Duisburg
I. Der Flachwassereinfluß auf den Form- und Reibungswiderstand von Binnenschiffen
II. Der Flachwassereinfluß auf die Nachstrom- und Sogverhältnisse bei Binnenschiffen
in Vorbereitung

HEFT 334
Prof. Dr. W. Weizel und Dr. G. Meister, Bonn
Spektralanalyse durch Messung des Interferenz-Kontrasts
in Vorbereitung

HEFT 335
Prof. Dr. W. Weizel und H. Hornberg, Bonn
Untersuchungen der anodischen Teile einer Glimmentladung
in Vorbereitung

HEFT 336
Dr. Tung-ping Yao, Aachen
Die Viskosität metallischer Schmelzen
in Vorbereitung

HEFT 337
Dr. R. Hoeppener und Dr. W. Bierther, Bonn
Tektonik und Lagerstätten im Rheinischen Schiefergebirge
in Vorbereitung

HEFT 338
Prof. Dr.-Ing. W. Wegener, Aachen, und Dipl.-Ing. J. Schneider, M.-Gladbach
Die Bedeutung der Knotenart für die Herabminderung der Fadenbrüche
in Vorbereitung

HEFT 339
Prof. Dr.-Ing. W. Wegener und Dipl.-Ing. W. Zahn, Aachen
Vergleich des normalen mit verschiedenen abgekürzten Baumwollspinnverfahren in bezug auf Gleichmäßigkeit und Sortierungsstreuung der Garne
in Vorbereitung

HEFT 340
Dipl.-Ing. W. Rohs und Dipl.-Ing. R. Otto, Bielefeld
Das Naßspinnen von Bastfasergarnen mit Spinnbadzusätzen unter Ausnutzung einer zentralen Spinnwasserversorgungsanlage
in Vorbereitung

HEFT 341
Prof. Dr.-Ing. H. Winterhager und Dipl.-Ing. L. Werner, Aachen
Präzisions-Meßverfahren zur Bestimmung des elektrischen Leitvermögens geschmolzener Salze
in Vorbereitung

HEFT 342
Prof. Dr.-Ing. H. Winterhager und Dipl.-Ing. W. Barthel, Aachen
Die Gewinnung von Titanschlackenkonzentraten aus eisenreichen Ilemniten
in Vorbereitung

HEFT 343
Prof. Dr.-Ing. W. Petersen, Aachen, und Dipl.-Ing. S. Wawroschek, Aachen
Die zweckmäßigsten Gütebestimmungsverfahren und Brikettierungsbedingungen bei der Erzeugung von Braunkohlen-Eisenerz-Briketts
in Vorbereitung

HEFT 344
Prof. Dr.-Ing. W. Fucks, Aachen
Zur Deutung einfachster mathematischer Sprachcharakteristiken
in Vorbereitung

HEFT 345
Dipl.-Ing. G. Cerbe und Dipl.-Ing. H. Monstadt, Essen
Konvektive Trocknung mit gasbeheizter Luft und Trocknung durch Gasstrahler
in Vorbereitung

HEFT 346
Dipl.-Ing. O. Arnold, Aachen
Erfahrungen mit Kernbohrungen zur Lagerstättenuntersuchung im Erzbergbau
in Vorbereitung

HEFT 347
S. Ruff, F. Kipp, H. Hansteen und G. Müller, Bonn
Untersuchungen zur Frage der Gehörschädigungen des fliegenden Personals der Propellerflugzeuge
in Vorbereitung

SPRINGER FACHMEDIEN WIESBADEN GMBH

VERÖFFENTLICHUNGEN DER ARBEITSGEMEINSCHAFT FÜR FORSCHUNG DES LANDES NORDRHEIN-WESTFALEN

NATURWISSENSCHAFTEN

Im Auftrage des Ministerpräsidenten Fritz Steinhoff
herausgegeben von Staatssekretär Prof. Leo Brandt

HEFT 1
Prof. Dr.-Ing. Friedrich Seewald, Aachen
Neue Entwicklungen auf dem Gebiet der Antriebsmaschinen
Prof. Dr.-Ing. Friedrich A. F. Schmidt, Aachen
Technischer Stand und Zukunftsaussichten der Verbrennungsmaschinen, insbesondere der Gasturbinen
Dr.-Ing. Rudolf Friedrich, Mülheim (Ruhr)
Möglichkeiten und Voraussetzungen der industriellen Verwertung der Gasturbine
1951, 52 Seiten, 15 Abb., kartoniert, DM 2,75

HEFT 2
Prof. Dr.-Ing. Wolfgang Riezler, Bonn
Probleme der Kernphysik
Prof. Dr. Fritz Micheel, Münster
Isotope als Forschungsmittel in der Chemie und Biochemie
1951, 40 Seiten, 10 Abb., kartoniert, DM 2,40

HEFT 3
Prof. Dr. Emil Lehnartz, Münster
Der Chemismus der Muskelmaschine
Prof. Dr. Gunther Lehmann, Dortmund
Physiologische Forschung als Voraussetzung der Bestgestaltung der menschlichen Arbeit
Prof. Dr. Heinrich Kraut, Dortmund
Ernährung und Leistungsfähigkeit
1951, 60 Seiten, 35 Abb., kartoniert, DM 3,50

HEFT 4
Prof. Dr. Franz Wever, Düsseldorf
Aufgaben der Eisenforschung
Prof. Dr.-Ing. Hermann Schenck, Aachen
Entwicklungslinien des deutschen Eisenhüttenwesens
Prof. Dr.-Ing. Max Haas, Aachen
Wirtschaftliche Bedeutung der Leichtmetalle und ihre Entwicklungsmöglichkeiten
1952, 60 Seiten, 20 Abb., kartoniert, DM 3,50

HEFT 5
Prof. Dr. Walter Kikuth, Düsseldorf
Virusforschung
Prof. Dr. Rolf Danneel, Bonn
Fortschritte der Krebsforschung
Prof. Dr. Dr. Werner Schulemann, Bonn
Wirtschaftliche und organisatorische Gesichtspunkte für die Verbesserung unserer Hochschulforschung
1952, 50 Seiten, 2 Abb., kartoniert, DM 2,75

HEFT 6
Prof. Dr. Walter Weizel, Bonn
Die gegenwärtige Situation der Grundlagenforschung in der Physik
Prof. Dr. Siegfried Strugger, Münster
Das Duplikantenproblem in der Biologie
Direktor Dr. Fritz Gummert, Essen
Überlegungen zu den Faktoren Raum und Zeit im biologischen Geschehen und Möglichkeiten einer Nutzanwendung
1952, 64 Seiten, 20 Abb., kartoniert, DM 3,—

HEFT 7
Prof. Dr.-Ing. August Götte, Aachen
Steinkohle als Rohstoff und Energiequelle
Prof. Dr. Dr. E. h. Karl Ziegler, Mülheim (Ruhr)
Über Arbeiten des Max-Planck-Institutes für Kohlenforschung
1953, 66 Seiten, 4 Abb., kartoniert, DM 3,60

HEFT 8
Prof. Dr.-Ing. Wilhelm Fucks, Aachen
Die Naturwissenschaft, die Technik und der Mensch
Prof. Dr. Walther Hoffmann, Münster
Wirtschaftliche und soziologische Probleme des technischen Fortschritts
1952, 84 Seiten, 12 Abb., kartoniert, DM 4,80

HEFT 9
Prof. Dr.-Ing. Franz Bollenrath, Aachen
Zur Entwicklung warmfester Werkstoffe
Prof. Dr. Heinrich Kaiser, Dortmund
Stand spektralanalytischer Prüfverfahren und Folgerung für deutsche Verhältnisse
1952, 100 Seiten, 62 Abb., kartoniert, DM 6,—

HEFT 10
Prof. Dr. Hans Braun, Bonn
Möglichkeiten und Grenzen der Resistenzzüchtung
Prof. Dr.-Ing. Carl Heinrich Dencker, Bonn
Der Weg der Landwirtschaft von der Energieautarkie zur Fremdenergie
1952, 74 Seiten, 23 Abb., kartoniert, DM 4,30

HEFT 11
Prof. Dr.-Ing. Herwart Opitz, Aachen
Entwicklungslinien der Fertigungstechnik in der Metallbearbeitung
Prof. Dr.-Ing. Karl Krekeler, Aachen
Stand und Aussichten der schweißtechnischen Fertigungsverfahren
1952, 72 Seiten, 49 Abb., kartoniert, DM 5,—

HEFT 12
Dr. Hermann Rathert, Wuppertal-Elberfeld
Entwicklung auf dem Gebiet der Chemiefaser-Herstellung
Prof. Dr. Wilhelm Weltzien, Krefeld
Rohstoff und Veredlung in der Textilwirtschaft
1952, 84 Seiten, 29 Abb., kartoniert, DM 4,80

HEFT 13
Dr.-Ing. E. h. Karl Herz, Frankfurt a. M.
Die technischen Entwicklungstendenzen im elektrischen Nachrichtenwesen
Staatssekretär Prof. Leo Brandt, Düsseldorf
Navigation und Luftsicherung
1952, 102 Seiten, 97 Abb., kartoniert, DM 7,25

HEFT 14
Prof. Dr. Burckhardt Helferich, Bonn
Stand der Enzymchemie und ihre Bedeutung
Prof. Dr. Hugo Wilhelm Knipping, Köln
Ausschnitt aus der klinischen Carcinomforschung am Beispiel des Lungenkrebses
1952, 72 Seiten, 12 Abb., kartoniert, DM 4,30

HEFT 15
Prof. Dr. Abraham Esau †, Aachen
Ortung mit elektrischen und Ultraschallwellen in Technik und Natur
Prof. Dr.-Ing. Eugen Flegler, Aachen
Die ferromagnetischen Werkstoffe der Elektrotechnik und ihre neueste Entwicklung
1953, 84 Seiten, 25 Abb., kartoniert, DM 4,80

HEFT 16
Prof. Dr. Rudolf Seyffert, Köln
Die Problematik der Distribution
Prof. Dr. Theodor Beste, Köln
Der Leistungslohn
1952, 70 Seiten, 1 Abb., kartoniert, DM 3,50

HEFT 17
Prof. Dr.-Ing. Friedrich Seewald, Aachen
Luftfahrtforschung in Deutschland und ihre Bedeutung für die allgemeine Technik
Prof. Dr.-Ing. Edouard Houdremont, Essen
Art und Organisation der Forschung in einem Industrieforschungsinstitut der Eisenindustrie
1953, 90 Seiten, 4 Abb., kartoniert, DM 4,20

HEFT 18
Prof. Dr. Dr. Werner Schulemann, Bonn
Theorie und Praxis pharmakologischer Forschung
Prof. Dr. Wilhelm Groth, Bonn
Technische Verfahren zur Isotopentrennung
1953, 72 Seiten, 17 Abb., kartoniert, DM 4,—

HEFT 19
Dipl.-Ing. Kurt Traenckner, Essen
Entwicklungstendenzen der Gaserzeugung
1953, 26 Seiten, 12 Abb., kartoniert, DM 1,60

HEFT 20
M. Zvegintzow, London
Wissenschaftliche Forschung und die Auswertung ihrer Ergebnisse
Ziel und Tätigkeit der National Research Development Corporation
Dr. Alexander King, London
Wissenschaft und internationale Beziehungen
1954, 88 Seiten, kartoniert, DM 4,20

HEFT 21
Prof. Dr. Robert Schwarz, Aachen
Wesen und Bedeutung der Silicium-Chemie
Prof. Dr. Dr. h. c. Kurt Alder, Köln
Fortschritte in der Synthese von Kohlenstoffverbindungen
1954, 76 Seiten, 49 Abb., kartoniert, DM 4,—

HEFT 21 a
Prof. Dr. Dr. h. c. Otto Hahn, Göttingen
Die Bedeutung der Grundlagenforschung für die Wirtschaft
Prof. Dr. Siegfried Strugger, Münster
Die Erforschung des Wasser- und Nährsalztransportes im Pflanzenkörper mit Hilfe der fluoreszenzmikroskopischen Kinematographie
1953, 74 Seiten, 26 Abb., kartoniert, DM 5,—

HEFT 22
Prof. Dr. Johannes von Allesch, Göttingen
Die Bedeutung der Psychologie im öffentlichen Leben
Prof. Dr. Otto Graf, Dortmund
Triebfedern menschlicher Leistung
1953, 80 Seiten, 19 Abb., kartoniert, DM 4,—

HEFT 23
Prof. Dr. Dr. h. c. Bruno Kuske, Köln
Zur Problematik der wirtschaftswissenschaftlichen Raumforschung
Prof. Dr.-Ing. E. h. Stephan Prager, Düsseldorf
Städtebau und Landesplanung
1954, 84 Seiten, kartoniert, DM 3,50

HEFT 24
Prof. Dr. Rolf Danneel, Bonn
Über die Wirkungsweise der Erbfaktoren
Prof. Dr. Kurt Herzog, Krefeld
Bewegungsbedarf der menschlichen Gliedmaßengelenke bei der Berufsarbeit
1953, 76 Seiten, 18 Abb., kartoniert, DM 4,—

SPRINGER FACHMEDIEN WIESBADEN GMBH

HEFT 25
Prof. Dr. Otto Haxel, Heidelberg
Energiegewinnung aus Kernprozessen
Dr.-Ing. Dr. Max Wolf, Düsseldorf
Gegenwartsprobleme der energiewirtschaftlichen Forschung
1953, 98 Seiten, 27 Abb., kartoniert, DM 5,25

HEFT 26
Prof. Dr. Friedrich Becker, Bonn
Ultrakurzwellenstrahlung aus dem Weltraum
Dr. Hans Straßl, Bonn
Bemerkenswerte Doppelsterne und das Problem der Sternentwicklung
1954, 70 Seiten, 8 Abb., kartoniert, DM 3,60

HEFT 27
Prof. Dr. Heinrich Behnke, Münster
Der Strukturwandel der Mathematik in der ersten Hälfte des 20. Jahrhunderts
Prof. Dr. Emanuel Sperner, Hamburg
Eine mathematische Analyse der Luftdruckverteilungen in großen Gebieten
1956, 96 Seiten, 12 Abb, 5 Tab., kartoniert, DM 5,—

HEFT 28
Prof. Dr. Oskar Niemczyk, Aachen
Die Problematik gebirgsmechanischer Vorgänge im Steinkohlenbergbau
Prof. Dr. Wilhelm Ahrens, Krefeld
Die Bedeutung geologischer Forschung für die Wirtschaft, besonders in Nordrhein-Westfalen
1955, 96 Seiten, 12 Abb., kartoniert, DM 5,25

HEFT 29
Prof. Dr. Bernhard Rensch, Münster
Das Problem der Residuen bei Lernleistungen
Prof. Dr. Hermann Fink, Köln
Über Leberschäden bei der Bestimmung des biologischen Wertes verschiedener Eiweiße von Mikroorganismen
1954, 96 Seiten, 23 Abb., kartoniert, DM 5,25

HEFT 30
Prof. Dr.-Ing. Friedrich Seewald, Aachen
Forschungen auf dem Gebiete der Aerodynamik
Prof. Dr.-Ing. Karl Leist, Aachen
Einige Forschungsarbeiten aus der Gasturbinentechnik
1955, 98 Seiten, 45 Abb., kartoniert, DM 7,—

HEFT 31
Prof. Dr.-Ing. Dr. h. c. Fritz Mietzsch, Wuppertal
Chemie und wirtschaftliche Bedeutung der Sulfonamide
Prof. Dr. Dr. h. c. Gerhard Domagk, Wuppertal
Die experimentellen Grundlagen der bakteriellen Infektionen
1954, 82 Seiten, 2 Abb., kartoniert, DM 4,—

HEFT 32
Prof. Dr. Hans Braun, Bonn
Die Verschleppung von Pflanzenkrankheiten und -schädigungen über die Welt
Prof. Dr. Wilhelm Rudorf, Voldagsen
Der Beitrag von Genetik und Züchtung zur Bekämpfung von Viruskrankheiten der Nutzpflanzen
1953, 88 Seiten, 36 Abb., kartoniert, DM 5,—

HEFT 33
Prof. Dr.-Ing. Volker Aschoff, Aachen
Probleme der elektroakustischen Einkanalübertragung
Prof. Dr.-Ing. Herbert Döring, Aachen
Erzeugung und Verstärkung von Mikrowellen
1954, 74 Seiten, 23 Abb., kartoniert, DM 4,30

HEFT 34
Geheimrat Prof. Dr. Dr. Rudolf Schenck, Aachen
Bedingungen und Gang der Kohlenhydratsynthese im Licht
Prof. Dr. Emil Lehnartz, Münster
Die Endstufen des Stoffabbaues im Organismus
1954, 80 Seiten, 11 Abb., kartoniert, DM 4,20

HEFT 35
Prof. Dr.-Ing. Hermann Schenck, Aachen
Gegenwartsprobleme der Eisenindustrie in Deutschland
Prof. Dr.-Ing. Eugen Piwowarsky †, Aachen
Gelöste und ungelöste Probleme im Gießereiwesen
1954, 110 Seiten, 67 Abb., kartoniert, DM 6,50

HEFT 36
Prof. Dr. Wolfgang Riezler, Bonn
Teilchenbeschleuniger
Prof. Dr. Gerhard Schubert, Hamburg
Anwendung neuer Strahlenquellen in der Krebstherapie
1954, 104 Seiten, 43 Abb., kartoniert, DM 7,—

HEFT 37
Prof. Dr. Franz Lotze, Münster
Probleme der Gebirgsbildung
Bergwerksdirektor Bergassessor a.D. G. Rauschenbach, Essen
Die Erhaltung der Förderungskapazität des Ruhrbergbaues auf lange Sicht
in Vorbereitung

HEFT 38
Dr. E. Colin Cherry, London
Kybernetik
Prof. Dr. Erich Pietsch, Clausthal-Zellerfeld
Dokumentation und mechanisches Gedächtnis — zur Frage der Ökonomie der geistigen Arbeit
1954, 108 Seiten, 31 Abb., kartoniert, DM 5,25

HEFT 39
Dr. Heinz Haase, Hamburg
Infrarot und seine technischen Anwendungen
Prof. Dr. Abraham Esau †, Aachen
Ultraschall und seine technischen Anwendungen
1955, 80 Seiten, 25 Abb., kartoniert, DM 4,80

HEFT 40
Bergassessor Fritz Lange, Bochum-Hordel
Die wirtschaftliche und soziale Bedeutung der Silikose im Bergbau
Prof. Dr. Walter Kikuth, Düsseldorf
Die Entstehung der Silikose und ihre Verhütungsmaßnahmen
1954, 120 Seiten, 40 Abb., kartoniert, DM 7,25

HEFT 40a
Prof. Dr. Eberhard Gross, Bonn
Berufskrebs und Krebsforschung
Prof. Dr. Hugo Wilhelm Knipping, Köln
Die Situation der Krebsforschung vom Standpunkt der Klinik
1955, 88 Seiten, 31 Abb., kartoniert, DM 5,—

HEFT 41
Direktor Dr.-Ing. Gustav-Victor Lachmann, London
An einer neuen Entwicklungsschwelle im Flugzeugbau
Direktor Dr.-Ing. A. Gerber, Zürich-Oerlikon
Stand der Entwicklung der Raketen- und Lenktechnik
1955, 88 Seiten, 44 Abb., kartoniert, DM 6,—

HEFT 42
Prof. Dr. Theodor Kraus, Köln
Lokalisationsphänomene und Raumordnung vom Standpunkt der geographischen Wissenschaft
Direktor Dr. Fritz Gummert, Essen
Vom Ernährungsversuchsfeld der Kohlenstoffbiologischen Forschungsstation Essen
in Vorbereitung

HEFT 42a
Prof. Dr. Dr. h. c. Gerhard Domagk, Wuppertal
Fortschritte auf dem Gebiet der experimentellen Krebsforschung
1954, 46 Seiten, kartoniert, DM 2,—

HEFT 43
Prof. Giovanni Lampariello, Rom
Über Leben und Werk von Heinrich Hertz
Prof. Dr. Walter Weizel, Bonn
Über das Problem der Kausalität in der Physik
1955, 76 Seiten kartoniert, DM 3,30

HEFT 43a
Prof. Dr. José Mª Albareda, Madrid
Die Entwicklung der Forschung in Spanien
in Vorbereitung

HEFT 44
Prof. Dr. Burckhardt Helferich, Bonn
Über Glykoside
Prof. Dr. Fritz Micheel, Münster
Kohlenhydrat-Eiweiß-Verbindungen und ihre biochemische Bedeutung
in Vorbereitung

HEFT 45
Prof. Dr. John von Neumann, Princeton, USA
Entwicklung und Ausnutzung neuerer mathematischer Maschinen
Prof. Dr. E. Stiefel, Zürich
Rechenautomaten im Dienste der Technik mit Beispielen aus dem Züricher Institut für angewandte Mathematik
1955, 74 Seiten, 6 Abb., kartoniert, DM 3,50

HEFT 46
Prof. Dr. Wilhelm Weltzien, Krefeld
Ausblick auf die Entwicklung synthetischer Fasern
Prof. Dr. Walther Hoffmann, Münster
Wachstumsformen der Industriewirtschaft
in Vorbereitung

HEFT 47
Staatssekretär Prof. Leo Brandt, Düsseldorf
Die praktische Förderung der Forschung in Nordrhein-Westfalen
Prof. Dr. Ludwig Raiser, Bad Godesberg
Die Förderung der angewandten Forschung durch die Deutsche Forschungsgemeinschaft
in Vorbereitung

HEFT 48
Dr. Hermann Tromp, Rom
Bestandsaufnahme der Wälder der Welt als internationale und wissenschaftliche Aufgabe
Prof. Dr. Franz Heske, Schloß Reinbek
Die Wohlfahrtswirkungen des Waldes als internationales Problem
in Vorbereitung

HEFT 49
Präsident Dr. G. Böhnecke, Hamburg
Zeitfragen der Ozeanographie
Reg.-Direktor Dr. H. Gabler, Hamburg
Nautische Technik und Schiffssicherheit
1955, 120 Seiten, 49 Abb., kartoniert, DM 7,50

HEFT 50
Prof. Dr.-Ing. Friedrich A. F. Schmidt, Aachen
Probleme der Selbstzündung und Verbrennung bei der Entwicklung der Hochleistungskraftmaschinen
Prof. Dr.-Ing. A. W. Quick, Aachen
Ein Verfahren zur Untersuchung des Austauschvorganges in verwirbelten Strömungen hinter Körpern mit abgelöster Strömung
in Vorbereitung

HEFT 51
Prof. Dr. Siegfried Strugger, Münster
Struktur, Entwicklungsgeschichte und Physiologie der Chloroplasten
Direktor Dr. J. Pätzold, Erlangen
Therapeutische Anwendung mechanischer und elektrischer Energie
in Vorbereitung

HEFT 52
Mr. Patmore, London
Lufttüchtigkeit und technische Prüfung der Flugzeuge in England
Prof. A. D. Young, Cranfield
Die Ausbildung des Ingenieurnachwuchses auf dem Luftfahrtgebiet in England
in Vorbereitung

JAHRESFEIER 1955
Prof. Dr. Josef Pieper, Münster
Über den Philosophie-Begriff Platons
Prof. Dr. Walter Weizel, Bonn
Die Mathematik und die physikalische Realität
1955, 62 Seiten, kartoniert, DM 2,90

HEFT 52a
Dr. D. C. Martin, London
Geschichte und Organisation der Royal Society
Dr. Roux, Südafrika
Probleme der wissenschaftlichen Forschung in der Südafrikanischen Union
in Vorbereitung

HEFT 53
Prof. Dr.-Ing. Georg Schnadel, Hamburg
Forschungsaufgaben zur Untersuchung der Festigkeitsprobleme im Schiffsbau
Prof. Dipl.-Ing. Wilhelm Sturtzel, Duisburg
Forschungsaufgaben zur Untersuchung der Widerstandsprobleme im Schiffsbau
in Vorbereitung

HEFT 53a
Prof. Giovanni Lampariello, Rom
Von Galilei zu Einstein
1956, 92 Seiten, kartoniert, DM 4,20

HEFT 54
Prof. Dr. Julius Bartels, Göttingen
Sonne und Erde — das Thema des internationalen geophysikalischen Jahres
Direktor Dr. Walter Dieminger, Lindau/Harz
Ionosphäre und drahtloser Weitverkehr
in Vorbereitung

HEFT 54a
Sir John Cockcroft, London
Die friedliche Anwendung der Kernenergie
in Vorbereitung

HEFT 55
Prof. Dr.-Ing. Fritz Schultz-Grunow, Aachen
Das Kriechen und Fließen hochzäher und plastischer Stoffe
Prof. Dr.-Ing. Hans Ebner, Aachen
Wege und Ziele der Festigkeitsforschung besonders im Hinblick auf den Leichtbau
in Vorbereitung

SPRINGER FACHMEDIEN WIESBADEN GMBH

HEFT 56
Prof. Dr. Ernst Derra, Düsseldorf
Der Entwicklungsstand der Herzchirurgie
Prof. Dr. Gunther Lehmann, Dortmund
Muskelarbeit und Muskelermüdung in Theorie und Praxis
in Vorbereitung

HEFT 57
Prof. Dr. Theodor von Kármán, Pasadena
Freiheit und Organisation in der Luftfahrtforschung
in Vorbereitung

HEFT 58
Prof. Dr. Fritz Schröter, Ulm
Neue Forschungs- und Entwicklungsrichtungen im Fernsehen
Prof. Dr. Albert Narath, Berlin
Der gegenwärtige Stand der Filmtechnik
in Vorbereitung

HEFT 59
Prof. Dr. Richard Courant, New York
Die Bedeutung der modernen mathematischen Rechenmaschinen für mathematische Probleme der Hydrodynamik und Reaktortechnik
Prof. Dr. Ernst Peschl, Bonn
Die Rolle der komplexen Zahlen in der Mathematik und die Bedeutung der komplexen Analysis
in Vorbereitung

VERÖFFENTLICHUNGEN DER ARBEITSGEMEINSCHAFT FÜR FORSCHUNG DES LANDES NORDRHEIN-WESTFALEN

GEISTESWISSENSCHAFTEN

Im Auftrage des Ministerpräsidenten Fritz Steinhoff
herausgegeben von Staatssekretär Prof. Leo Brandt

HEFT 1
Prof. Dr. Werner Richter, Bonn
Die Bedeutung der Geisteswissenschaften für die Bildung unserer Zeit
Prof. Dr. Joachim Ritter, Münster
Die aristotelische Lehre vom Ursprung und Sinn der Theorie
1953, 64 Seiten, kartoniert, DM 2,90

HEFT 2
Prof. Dr. Josef Kroll, Köln
Elysium
Prof. Dr. Günther Jachmann, Köln
Die vierte Ekloge Vergils
1953, 72 Seiten, kartoniert, DM 2,90

HEFT 3
Prof. Dr. Hans Erich Stier, Münster
Die klassische Demokratie
1954, 100 Seiten, kartoniert, DM 4,50

HEFT 4
Prof. Dr. Werner Caskel, Köln
Lihyan und Lihyanisch. Sprache und Kultur eines frühharabischen Königreiches
1954, 168 Seiten, 6 Abb., kartoniert, DM 8,25

HEFT 5
Prof. Dr. Thomas Ohm, Münster
Stammesreligionen im südlichen Tanganyika-Territorium
1953, 80 Seiten, 25 Abb., kartoniert, DM 8,—

HEFT 6
Prälat Prof. Dr. Dr. h. c. Georg Schreiber, Münster
Deutsche Wissenschaftspolitik von Bismarck bis zum Atomwissenschaftler Otto Hahn
1954, 102 Seiten, 7 Bilder, kartoniert, DM 5,—

HEFT 7
Prof. Dr. Walter Holtzmann, Bonn
Das mittelalterliche Imperium und die werdenden Nationen
1953, 28 Seiten, kartoniert, DM 1,30

HEFT 8
Prof. Dr. Werner Caskel, Köln
Die Bedeutung der Beduinen in der Geschichte der Araber
1954, 44 Seiten, kartoniert, DM 2,—

HEFT 9
Prälat Prof. Dr. Dr. h. c. Georg Schreiber, Münster
Irland im deutschen und abendländischen Sakralraum

HEFT 10
Prof. Dr. Peter Rassow, Köln
Forschungen zur Reichsidee im 16. und 17. Jahrhundert
1955, 32 Seiten, kartoniert, DM 1,50

HEFT 11
Prof. Dr. Hans Erich Stier, Münster
Roms Aufstieg zur Weltherrschaft
in Vorbereitung

HEFT 12
Prof. Dr. D. Karl Heinrich Rengstorf, Münster
Mann und Frau im Urchristentum
Prof. Dr. Hermann Conrad, Bonn
Grundprobleme einer Reform des Familienrechts
1954, 106 Seiten, kartoniert, DM 4,50

HEFT 13
Prof. Dr. Max Braubach, Bonn
Der Weg zum 20. Juli 1944
1953, 48 Seiten, kartoniert, DM 2,20

HEFT 14
Prof. Dr. Paul Hübinger, Münster
Das deutsch-französische Verhältnis und seine mittelalterlichen Grundlagen
in Vorbereitung

HEFT 15
Prof. Dr. Franz Steinbach, Bonn
Der geschichtliche Weg des wirtschaftenden Menschen in die soziale Freiheit und politische Verantwortung
1954, 76 Seiten, kartoniert, DM 2,90

HEFT 16
Prof. Dr. Josef Koch, Köln
Die Ars coniecturalis des Nikolaus von Cues
1956, 56 Seiten, 2 Abb., kartoniert, DM 2,90

HEFT 17
Prof. Dr. James Conant,
US-Hochkommissar für Deutschland
Staatsbürger und Wissenschaftler
Prof. D. Karl Heinrich Rengstorf, Münster
Antike und Christentum
1953, 48 Seiten, 2 Abb., kartoniert, DM 2,90

HEFT 18
Prof. Dr. Richard Alewyn, Köln
Klopstocks Publikum
in Vorbereitung

HEFT 19
Prof. Dr. Fritz Schalk, Köln
Das Lächerliche in der französischen Literatur des Ancien Régime
1954, 42 Seiten, kartoniert, DM 2,—

HEFT 20
Prof. Dr. Ludwig Raiser, Bad Godesberg
Rechtsfragen der Mitbestimmung
1954, 48 Seiten, kartoniert, DM 2,—

HEFT 21
Prof. D. Martin Noth, Bonn
Das Geschichtsverständnis der alttestamentlichen Apokalyptik
1953, 36 Seiten, kartoniert, DM 1,60

HEFT 22
Prof. Dr. Walter F. Schirmer, Bonn
Glück und Ende des Königs in Shakespeares Historien
1954, 32 Seiten, kartoniert, DM 1,50

HEFT 23
Prof. Dr. Günther Jachmann, Köln
Der homerische Schiffskatalog und die Ilias
in Vorbereitung

HEFT 24
Prof. Dr. Theodor Klauser, Bonn
Die römischen Petrustraditionen im Lichte der neuen Ausgrabungen unter der Peterskirche
in Vorbereitung

HEFT 25
Prof. Dr. Hans Peters, Köln
Die Gewaltentrennung in moderner Sicht
1955, 48 Seiten, kartoniert, DM 2,20

HEFT 26
Prof. Dr. Fritz Schalk, Köln
Calderon und die Mythologie
in Vorbereitung

HEFT 27
Prof. Dr. Josef Kroll, Köln
Vom Leben geflügelter Worte
in Vorbereitung

SPRINGER FACHMEDIEN WIESBADEN GMBH

HEFT 28
Prof. Dr. Thomas Ohm, Münster
Die Religionen in Asien
1954, 50 Seiten, 4 Abb., kartoniert, DM 5,—

HEFT 29
Prof. Dr. Johann Leo Weisgerber, Bonn
Die Ordnung der Sprache im persönlichen und öffentlichen Leben
1955, 64 Seiten, kartoniert, DM 2,90

HEFT 30
Prof. Dr. Werner Caskel, Köln
Entdeckungen in Arabien
1954, 44 Seiten, kartoniert, DM 2,—

HEFT 31
Prof. Dr. Max Braubach, Bonn
Entstehung und Entwicklung der landesgeschichtlichen Bestrebungen und historischen Vereine im Rheinland
1955, 32 Seiten, kartoniert, DM 1,60

HEFT 32
Prof. Dr. Fritz Schalk, Köln
Somnium und verwandte Wörter in den romanischen Sprachen
1955, 48 Seiten, 3 Abb., kartoniert, DM 2,50

HEFT 33
Prof. Dr. Friedrich Dessauer, Frankfurt a. M.
Erbe und Zukunft des Abendlandes
in Vorbereitung

HEFT 34
Prof. Dr. Thomas Ohm, Münster
Ruhe und Frömmigkeit
1955, 128 Seiten, 30 Abb., kartoniert, DM 8,—

HEFT 35
Prof. Dr. Hermann Conrad, Bonn
Die mittelalterliche Besiedlung des deutschen Ostens und das Deutsche Recht
1955, 40 Seiten, kartoniert, DM 2,—

HEFT 36
Prof. Dr. Hans Sckommodau, Köln
Die religiösen Dichtungen Margaretes von Navarra
1955, 172 Seiten, kartoniert, DM 7,20

HEFT 37
Prof. Dr. Herbert von Einem, Bonn
Der Mainzer Kopf mit der Binde
1955, 88 Seiten, 40 Abb., kartoniert, DM 6,—

HEFT 38
Prof. Dr. Joseph Höffner, Münster
Statik und Dynamik in der scholastischen Wirtschaftsethik
1955, 48 Seiten, kartoniert, DM 2,20

HEFT 39
Prof. Dr. Fritz Schalk, Köln
Diderots Essai über Claudius und Nero
in Vorbereitung

HEFT 40
Prof. Dr. Gerhard Kegel, Köln
Probleme des internationalen Enteignungs- und Währungsrechts
in Vorbereitung

HEFT 41
Prof. Dr. Johann Leo Weisgerber, Bonn
Die Grenzen der Schrift — Der Kern der Rechtschreibreform
1955, 72 Seiten, kartoniert, DM 3,25

HEFT 42
Prof. Dr. Richard Alewyn, Köln
Von der Empfindsamkeit zur Romantik
in Vorbereitung

HEFT 43
Prof. Dr. Theodor Schieder, Köln
Die Probleme des Rapallo-Vertrages 1922
in Vorbereitung

HEFT 44
Prof. Dr. Andreas Rumpf, Köln
Stilphasen der spätantiken Kunst
in Vorbereitung

HEFT 45
Dr. Ulrich Luck, Münster
Kerygma und Tradition in der Hermeneutik Adolf Schlatters
1955, 136 Seiten, kartoniert, DM 6,15

HEFT 46
Prof. Dr. Walther Holtzmann, Rom
Das Deutsche Historische Institut in Rom
Prof. Dr. Graf Wolff Metternich, Rom
Die Bibliotheca Hertziana und der Palazzo Zuccari
1955, 68 Seiten, 7 Abb., kartoniert, DM 3,50

JAHRESFEIER 1955
Prof. Dr. Josef Pieper, Münster
Über den Philosophie-Begriff Platons
Prof. Dr. Walter Weizel, Bonn
Die Mathematik und die physikalische Realität
1955, 62 Seiten, kartoniert, DM 2,90

HEFT 47
Prof. Dr. Harry Westermann, Münster
Person und Persönlichkeit im Zivilrecht
in Vorbereitung

HEFT 48
Prof. Dr. Johann Leo Weisgerber, Bonn
Die Namen der Ubier
in Vorbereitung

HEFT 49
Prof. Dr. Friedrich Karl Schumann, Münster
Mythos und Technik *in Vorbereitung*

HEFT 50
Prof. Dr. Wolfgang Schöne, Hamburg
Raffaels Sixtinische Madonna
in Vorbereitung

HEFT 51
Prälat Prof. Dr. Dr. h. c. Georg Schreiber, Münster
Der Bergbau in Geschichte, Ethos und Sakralkultur
in Vorbereitung

HEFT 52
Prof. Dr. Hans J. Wolff, Münster
Die Rechtsgestalt der Universität
in Vorbereitung

HEFT 53
Prof. Dr. Heinrich Vogt, Bonn
Schadenersatzprobleme im Verhältnis von Haftungsgrund und Schaden
in Vorbereitung

HEFT 54
Prof. Dr. Max Braubach, Bonn
Der Einmarsch der deutschen Truppen in die entmilitarisierte Zone am Rhein im März 1936. Ein Beitrag zur Vorgeschichte des zweiten Weltkrieges
in Vorbereitung

HEFT 55
Prof. Dr. Herbert von Einem, Bonn
Die Menschwerdung Christi des Isenheimer Altars
in Vorbereitung

HEFT 56
Prof. Dr. E. J. Cohn, London
Der englische Gerichtstag
in Vorbereitung

HEFT 57
Dr. Albert Woopen, Aachen
Die Zivilehe und der Grundsatz der Unauflöslichkeit der Ehe in der Entwicklung des italienischen Zivilrechts
1956, 88 Seiten, kartoniert, DM 4,—

SPRINGER FACHMEDIEN WIESBADEN GMBH

If you have any concerns about our products,
you can contact us on
ProductSafety@springernature.com

In case Publisher is established outside the EU,
the EU authorized representative is:
**Springer Nature Customer Service Center GmbH
Europaplatz 3, 69115 Heidelberg, Germany**

Printed by Libri Plureos GmbH
in Hamburg, Germany